U0157054

好看！
探秘动物王国

GRAPH-ART

北方联合出版传媒（集团）股份有限公司

辽海出版社

This book was produced by Graph-Art
Producer: Dr. Bera Károly
Technical director: Kovács Ákos
Coordinator: Molnár Zoltán
Editing, illustrations, typography
© Graph-Art, 2005
Written and edited by Dönsz Judit, Demeter László, Lisztes László and Szabó Zsuzsanna
Illustrations:Nagy Attila, Szendrei Tibor and Vámosné Jenei Klára
Graphic assistant:Lévainé Bana Ágnes
Cover design, typography and layout:Demeter Györgyi Csilla
Published by Graph-Art
Responsible publisher: managing director of Graph-Art

The simplified Chinese translation rights arranged through Rightol Media
（本书中文简体版权经由锐拓传媒取得 Email:copyright@rightol.com）

图书在版编目（CIP）数据

　　好看！探秘动物王国／匈牙利图艺公司编；那宇晶
译. — 沈阳：辽海出版社，2019.6
　　ISBN 978-7-5451-5428-3

　　Ⅰ．①好… Ⅱ．①匈… ②那… Ⅲ．①动物－少儿读
物 Ⅳ．①Q95-49

　　中国版本图书馆CIP数据核字(2019)第097581号

©2018，简体中文版归北方联合出版传媒（集团）股份有限公司辽海出版社所有。
著作权合同登记号：06-2019年第115号
版权所有，翻印必究

出 版 者：北方联合出版传媒（集团）股份有限公司
　　　　　辽海出版社（地址：沈阳市和平区十一纬路25号　邮编：110003）
印 刷 者：辽宁新华印务有限公司
发 行 者：北方联合出版传媒（集团）股份有限公司
　　　　　辽海出版社
幅面尺寸：213 mm×275 mm
印　　张：5.75
字　　数：185千字
出版时间：2019年6月第1版
印刷时间：2019年6月第1次印刷
责任编辑：谭　莹　李　望
美术编辑：郑　伟
责任校对：李子夏

书　　号：ISBN 978-7-5451-5428-3
定　　价：38.00元

购 书 电 话：024-23285299　　开发部电话：024-23285788
网　　址：http://www.lhph.com.cn
法 律 顾 问：辽宁申扬律师事务所　李晓蕾
如有质量问题，请与印刷厂联系调换　　　　印刷厂电话：024-31255233
盗版举报电话：024-23284481
盗版举报信箱：liaohaichubanshe@163.com

动物探秘

目录

动物探秘

动物的日常

栖息地

动物探秘

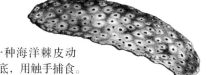

海参是一种海洋棘皮动物，生活在海底，用触手捕食。

巨蛤（又名：大砗磲 dà chē qú）生活在印度洋和太平洋的珊瑚礁中。它们有着厚重的外壳，体长可达1.5米，重达250千克。目前世界上最大的珍珠就是在这些巨蛤中发现的。

低等动物

自然界中生活着两百多万种动物，从最古老的生命形态（单细胞微生物）到体积最大的生物（蓝鲸），不计其数。人类为了轻松辨别每一类动物，了解它们之间的联系，已经对它们进行了分门别类。接下来本书将带你一起探索这个庞大的动物王国。开始之前，我们先简单了解一下动物的分类：长有脊椎的动物统称为脊椎动物，体形较大；而96%的动物没有脊椎，统称为无脊椎动物，这类动物多是生活在水中、不经常移动的微生物。除此之外，一些奇怪的生物，如软体动物、棘皮动物、蠕虫和节肢动物，也都属于无脊椎动物。

海葵

海葵颜色鲜艳，附着在海底的岩石或海床上，常常被误认为美丽的"花朵"。它们"花瓣"一样柔软的触手在碰到外物时会将其刺伤。大多数海葵以落入它们触手上的东西为食，而有一些则会去主动捕食。当遇到危险时，海葵会将身体缩成一团。

地中海水母

沟迎风海葵（又名：地中海水母）生活在地中海中，长有约200条触手，以捕获周围的各种甲壳类、腹足类和鱼类为食。与其他海葵不同，它们的触手不能完全缩进身体里。

贝类和腹足类

贝类有着柔软、黏滑的身体，由两片附着强健肌肉的贝壳保护着。它们通常成群生活在海底或河底，移动非常缓慢。它们中大多数以过滤水中的浮游生物为食。相比之下，腹足类就要活跃得多，它们利用强健的腹足向前滑行，有的生活在水中，有的则生活在陆地上。

人们常见的乌贼属于软体动物的一种。它们生活得非常"惬意"，不是在海底挖个沙坑"休息"，就是静静地漂着等候不知情的猎物"上钩"。乌贼的皮下长着一层特殊的内壳，我们称作"乌贼骨"，所以它们能够漂浮在水中。

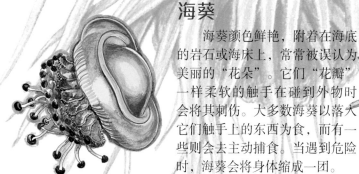

乌贼

纪录
一只普通菜园蜗牛的最快爬行速度为1.3厘米/秒。

你知道吗？

 人们使用乌贼喷出的墨汁（希腊语称sepia）进行书写长达数百年之久。

芋螺常见于近珊瑚礁的浅水区域，是一种掠食动物，以海葵和海绵动物为食。

章鱼、乌贼、鱿鱼

　　这些动物同属头足纲，是头脑最聪明、游动速度最快的软体动物。它们的触手上布满吸盘，主要用来捕食。它们会紧紧吸附在猎物身上，宁可断掉一两条触手也不放弃猎物。它们的食物主要有鱼、甲壳类和双壳类动物。

　　当遭遇危险时，它们大多会喷出墨汁攻击敌人，因此也叫作墨鱼。

水母和珊瑚虫

　　水母和珊瑚虫这类低等动物都属于海洋生物。它们大多生活在深海中，也有的浮游在海面上。水母的身体呈钟形，长着长长的触手，触手上布满了刺细胞。当捕食或是遇到危险时，这些刺细胞便会射出毒丝，将猎物和袭击者麻痹。而珊瑚虫的身体呈圆筒状，非常柔软，常群居。它们能够分泌石灰石，堆砌成"房子"保护自己。珊瑚虫死后，这些坚固的"房子"保留下来，日积月累便形成了硕大的珊瑚礁。

　　数百万年来，鹦鹉螺一直生活在海洋中。它是过去几千个同类物种中幸存下来的最后一个。鹦鹉螺没有触手，只有触须，共约90条。它的外壳呈螺旋状，里面隔成一个个腔室。第一个也是最大的腔室中居住着它的身体，其他腔室中充满气体，称为"气室"。当鹦鹉螺的身体长得太大，它便会离开居住的腔室，把它变成"气室"，再给自己"建造"一个更大的腔室。也正因如此，鹦鹉螺才能够生活在深海中。

　　葡萄牙军舰水母栖息在海面上。其尾部是一个伸出水面15厘米高、7.5厘米宽的充满气体的囊状物，酷似16世纪的葡萄牙战舰，因此而得名。它的触手非常长，在10到30厘米之间，和渔网一样有杀伤力。触手上的刺细胞会杀死小型生物，对人类来说也异常危险。

你知道吗？

　　当一颗细小的微粒或异物进入牡蛎的身体，珍珠便开始形成，因为牡蛎会分泌珍珠质来保护自己。

　　很多人看到蚯蚓会感到厌恶，但事实上蚯蚓益处很大，值得赞美。它们以土壤中的有机物为食，挖地3米深，疏松了土壤，改善了土质。蚯蚓的身体分节，因此被划分到环节动物门。

蜘蛛长什么样子?

蜘蛛的身体分为头胸部和腹部两个部分。它们通常有8条腿,6只或8只单眼,前端长着螯牙。蜘蛛的腹部长着纺织器,由这里释放出腺体生成蛛丝(贴士:蛛丝并不是从蜘蛛嘴里吐出的哟)。蜘蛛主要依靠触觉来感知外界,但也有个别种类依靠视觉或者听觉(这类蜘蛛长着一个会发出声音的器官)。

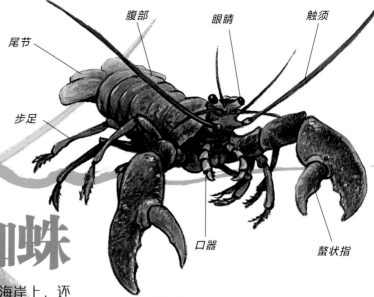

腹部　眼睛　触须
尾节
步足
口器　　螯状指

甲壳动物和蜘蛛

甲壳(jiǎ qiào)动物大多生活在海洋里或海岸上,还有一些,比如潮虫,已经适应了陆地生活。因为外形独特,一般的甲壳类动物辨识度都很高。但是蜘蛛就大不一样了,它们的种类数以千计,大小、习性各异,分布在世界各地,随处可见(花园里、田野里、甚至房间里),极难分辨。蜘蛛属于掠食动物,它们有的会编织复杂的蛛网捕食,有的则潜伏在洞里等候猎物,还有一种会主动出击,捕食方法不一而足。它们的食物通常是昆虫,体形庞大的蜘蛛能够吃掉小型脊椎动物,还有的甚至吃自己的同类。

水蛛是同类中唯一的叛逆者——生活在水中。它们在水生植物之间吐丝,结成一个钟罩形的网,并且在网下储存气泡。水蛛通常会在这个钟罩中吃掉从水中捕获的幼虫和水虱。它们会结出各种钟罩形的网,以此来"炫耀"自己的"建造"技术。这些网有的用来安置它的卵宝宝,有的用来蜕皮,还有的用来过冬。水蛛身上长着特殊的绒毛,会附着许多空气泡,为其在水下提供氧气。可以说,水蛛的网是同类中最先进的。

鹅颈藤壶(俗称:狗爪螺)是中世纪欧洲僧人最喜欢的食物,因为他们误把鹅颈藤壶当成一种植物。这些藤壶在当时被认为是黑雁蛋,常常附着在三根圆木上随波逐流。

长尾巴、10条腿的寄生蟹会寄居在空的螺壳中以保护自己的身体。

蜘蛛捕食

织网蛛在捕食前会吐丝结网,然后藏起来等候猎物自投罗网。织网蛛的视力不太好,但这并不会影响其捕食,因为它的触觉非常敏锐,能够感知最微小的震动。织网蛛长着一对带毒腺的螯牙,倒霉的虫子"上门"后,它会迅速靠近并将毒液注入猎物体内。织网蛛不饿时会吐丝将猎物包裹起来,留着饿了再吃,但如果它饿了,就会立即向猎物体内注入消化液,使其内脏变为液体,之后它便可以享受美味的"肉羹"了。

撒网蛛在夜间捕食。捕食前,它们会先结一张是平时10倍大的蛛网,然后用腿支撑这张网,从一根树枝上垂下来。这之后,它们便保持警惕,静候猎物,待猎物靠近,就把蛛网抛向猎物,剩下的就是收网了。

流星锤蜘蛛在捕食前会吐出一根蛛丝,蛛丝的末端有一个黏性的丝球,悬在空中,这就是它的武器"流星锤"。猎物靠近后,它会将"流星锤"砸向猎物,只要猎物被砸中,就插翅难飞了。

跳蛛在捕食前会用蛛丝给自己粘一根"保险绳",倘若捕食中无法很好地控制猎物,发生了意外,它就可以凭借"保险绳"安全着陆。

十字园蛛

十字园蛛因其背上独特的纹理而得名。它们会在距离地面很高的地方编织一张"豪华"大网，然后躺在蛛网中心等候猎物上门。

巨型十字园蛛

甲壳动物长什么样子？

甲壳动物的身体分为头胸部和腹部两部分。它们通常长有4~5对步足，单眼（复眼）和2对触须，形态各异、大小不一。它们身上披着一层坚硬的外壳，会随着生长周期性脱落，然后再生。甲壳动物大多腿上长着螯钳，比如龙虾和螃蟹，它们的触须或触角上长着感觉器官。它们通过鳃进行呼吸（陆地甲壳动物的鳃已经适应了潮湿环境），螯钳上有个内弧，专门用来抓捕猎物。

蝎子和马陆

蝎子在气候温暖的时候出没，是非常危险的猎食者。它们先用钳子紧紧钳住目标猎物，然后用尾巴末端的毒刺轻轻一蛰，就能将猎物麻痹。平时毒刺会弯在背后，随时待命。蝎子通常栖息在石头下或是腐木中，主要以蜘蛛和昆虫为食。马陆（又称千足虫）身体细长，呈圆柱形，以植物腐殖质为食。它们生活在地上或树皮中，多在夜间活动。

你知道吗？

相同粗细的蛛丝和钢丝相比，蛛丝要更为结实。多数甲壳动物有变换颜色的本领，随着潮起潮落，它们身体的颜色会变浅或变深。

狼蛛在黄昏或夜间伏击猎物，多以蜥蜴、青蛙和小鸟等小型脊椎动物为食。它们白天躲藏在地缝或地洞里，有些聪明的雌性狼蛛还会在洞壁铺设蛛丝做衬。大型狼蛛的刺毛和体形使它们看起来异常危险，但实际上许多小型狼蛛的毒性更强。

头胸部

触肢

狼蛛

颚

吐丝器

腹部

在色彩方面，或许只有蝴蝶能够与小体形的蝉一较高下了。有一类蝉背部形状很奇怪，它们就是角蝉。由于角蝉看起来非常像一枝树杈，所以白天它们能够随心所欲地在喜欢的地方——植物的茎（干）——吸吮汁液。但万一它们被发现了呢？它们会在敌人接近的最后一刻一跃（飞）而起，逃之夭夭。

昆虫

昆虫的天敌非常多：蜘蛛、爬行动物、小型哺乳动物……但是它们自身的数量也是十分庞大的！自然界所有动物中昆虫就占了四分之三，这还不包括那些尚未被发现的。它们大多生活在陆地上，随处可见，什么都吃，肉、花蜜、木头、人类的血液、腐烂的植物……成功生存的秘诀就在于它们超凡的适应力，这一点只要想想苍蝇、蚱蜢、白蚁、甲虫、蜻蜓和黄蜂就明白了。

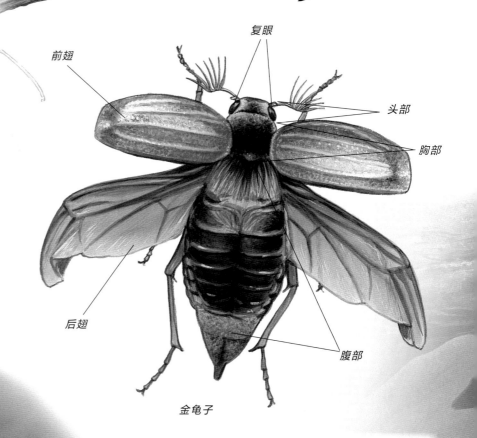

复眼

前翅

头部

胸部

后翅

腹部

金龟子

说起黄蜂，你可能会想到一种在屋檐下筑巢，细长的、黄黑相间的可怕飞虫。这只是人们对黄蜂的一个粗浅的认识。黄蜂的世界其实是多姿多彩的，并不是所有的黄蜂都是黄黑色，我们也并不能确定它们都生活在开放的、薄薄的蜂巢里，更不必谈之色变。

昆虫长什么样子？

昆虫的身体分为三部分，由一系列体节构成，通常有6条腿。会飞的昆虫还会有1对或2对翅膀。昆虫的身体裹着一层由几丁质构成的坚硬外壳。它们用复眼（单眼）和触角（触须）来辨认方向。它们的腿上长着绒毛，可以帮助它们辨别气味，感知空气流动。它们的口器与进食方式相适应。口器和翅膀结构在划分昆虫类别方面起着非常重要的作用。

独角仙（又称：双叉犀金龟）多生活在美洲热带地区，身长15厘米，是一种常见的大型昆虫。它用自己的独角捕获猎物，像用钳子那样。

鹿角虫

鹿角虫常见于腐朽的树木（通常是橡树）周围，因为它特别喜欢橡树的汁液。鹿角虫昼伏夜出，它的幼虫长相很丑，但长大后会变成非常漂亮的甲虫。雄性成虫长着鹿角一样的口器，那是它们为了追求雌性鹿角虫或是争夺地盘和食物而进行"摔跤比赛"的重要工具。雌性成虫不会浪费精力长这样华丽的口器，但它们更具攻击性，其强有力的短颚能造成严重的伤口。

射炮步甲（又称：放屁甲虫）白天隐藏在岩石或树皮下，到了夜间才出来捕食。捕食时，射炮步甲会将它的"探路器"，确切地说是它的口器向前倾斜，将落入视线范围内的猎物（蜗牛或蚯蚓）围住，然后猛然将其咬住。

它先是咬一大口，继而释放出一种液体腐蚀猎物，最后津津有味地将还在颤抖中的猎物吃掉。但是如果射炮步甲遇到危险了该怎么办呢？它并不退缩，而是像一个英勇的战士，伴随一声"巨响"从腺体分泌出一种难闻的液体射向敌人。

孔雀蛱蝶　　　　　　蜂鸟天蛾　　　　　　钩粉蝶

蝴蝶和飞蛾

许多人都认为白天活动的蝴蝶和夜间活动的飞蛾在所有昆虫中是最美丽的，可它们还是毛毛虫的时候却一点儿也不好看。毛毛虫非常贪吃，因此长得很快，它们有的身上长着刺毛，有的没有，会蜕好几次皮。一些毛毛虫会蜕8次皮，然后开始结茧化蛹或是钻到地底下化蛹。时机一到，它们就会冲破茧牢，化身鲜艳夺目的蝴蝶或是将自己完美伪装起来。蝴蝶的翅膀、身体和腿覆盖着一层松散相接的鳞屑。它们的感觉器官可以感知到一种叫作"信息素"的气味信号，是由离它们很远（远至1千米）的同伴发出的，这样它们就能够不约而同地降落在正确的植物上。它们大多用叫作"吻"的细长的嘴吸吮花蜜果腹，有些蝴蝶和飞蛾以水果或粪便为食。有迁徙习惯的物种，比如小红蛱蝶和天蛾擅长飞行，而日间飞行的斑蛾身体笨重，飞行非常缓慢。

触须

多刺的前腿

翅膀

有力的上颚

螳螂

强壮的后肢

瓢虫是园丁们的好朋友。它们主要以蚜虫为食，一只瓢虫一天内可以吃掉大约30只蚜虫。雌性瓢虫会将卵产在有大量蚜虫的植物叶片上。当卵孵化之后，瓢虫宝宝们就可以美美地享受一顿大餐。不同种类的瓢虫身上斑点的数量也各不相同。当瓢虫遭遇劲敌时，会从脚关节释放出一种非常难闻的液体，敌人受不了这种气味就会仓皇逃走。

祈祷螳螂休息时会将其带致命武器的前腿收在身体前，像是在祈祷一样，因此得名。它在扑食猎物时迅如闪电。雌性螳螂会为了一顿美餐而不惜任何代价，甚至会在交配后吃掉雄性螳螂。受到突袭时，螳螂不会退缩，反而会摆出攻击的姿势正面迎敌，同时用翅膀摩擦腹部发出嘶嘶声。

蜣螂之所以会不厌其烦地滚粪球，是为了给后代储存粮食。

你知道吗？

🐛 白蚁中的工兵蚁是没有视觉的，它们依靠味觉、嗅觉和触觉工作。

蜻蜓身体狭长，颜色各异，一对大大的复眼几乎盖住了整个头部。它的每一只眼睛拥有3万个晶状体，视力极好。它的头还能灵活转动，有助于提高视力。蜻蜓的前脚上长着刺毛，可以轻松捕捉到猎物。它们白天出来捕食，夜间就栖息在树顶的叶子上。强健的羽翼使它们能够以高达10米/秒的速度飞行，还可以迅速改变方向。

大绿灌丛蟋蟀（学名：螽斯 zhōng sī）因其身体的颜色可以轻易隐藏在树木的叶子上，也就是它捕食的地方。它用其多余的触须侦测小昆虫和新鲜叶片。雄性蟋蟀还会在夜间用这些触须"奏乐"来吸引雌性伴侣，不知疲倦。当遭遇危险时，它们会一跃而起，逃之夭夭。

蜻蜓

蜻蜓在水中产卵，因此幼虫是在水中长大的。幼虫经历最后一次蜕皮后，会爬出水面，栖息在植物的叶子上面，接着就是见证奇迹的时刻了！它的皮肤会慢慢裂开，待其爬出后就变成一只漂亮的蜻蜓了。之后的一小时或几小时内，它们需要耐心等待其纹理精致的翅膀变硬，才能够优雅地飞向空中。新生蜻蜓不需要任何指示或学习就能够自行捕食并且成功捕获它的第一只猎物。技巧娴熟的会在飞行中将猎物吃掉，其他的则会停在一片叶子上享用美餐。体形较小的蜻蜓经常会午睡，但其实蜻蜓的一生很短暂，寿命只有几个月。秋天来临之后，你就很难在无精打采的阳光中发现它们的身影了，但是它们的幼虫却能挺过寒冷的冬天。

蚁穴

蚂蚁是群居性昆虫，也就是说它们会结成庞大的团体，过着非常有组织性的生活。

石斑鱼

鮨（xiān）生活在沿海浅水区，是一种小型的鲉（yóu）。它们瘦长的前背鳍上长着一条硬脊。

尾鳍　后背鳍
前背鳍　臀鳍
胸鳍
鮨　鳃盖　腹鳍

鱼类

脊椎动物的身体由一根椎骨组成的脊柱支撑。脊椎动物包含五大类：鱼类、两栖类、爬行类、鸟类和哺乳类。其中鱼的种类是最多的，相当于其他四类的总和。鱼类也是最古老的脊椎动物，经历了数百万年的演变。某些古老的陆地脊椎动物就是由鱼类演变而来的。鱼类完美适应了水中的生活，它们长着护体的鳞片和帮助漂浮的鱼鳔，体温可以随着外界环境的变化而变化。鱼类用鳃呼吸水中的氧气。

团扇鳐

团扇鳐（yáo）是伪装高手，它扁平的身体能够与泥泞的海床完美地混在一起。团扇鳐身长1~3米，以小鱼、甲壳类和双壳类动物为食。它的视力极佳，鼻子也可以用来探测猎物。它的每只眼睛上面都有一个呼吸孔，叫作喷水孔，海水能够自由流入这个喷水孔。团扇鳐在遇到危险时会利用尾巴后面的毒刺予以回击。

刺

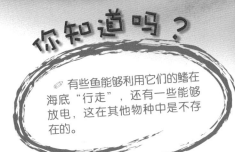

眼睛

口鼻

海马

乍一看，这种奇怪的、垂直游动的生物一点儿都不像是鱼类，更何况它还没有腹鳍和尾鳍，但它确实属于鱼类。海马有很多奇怪的特征：尾巴可以抓东西，两只眼睛可以各自转动，还有就是雄性海马负责生育后代。海马以小型甲壳动物和小鱼小虾为食。

背鳍

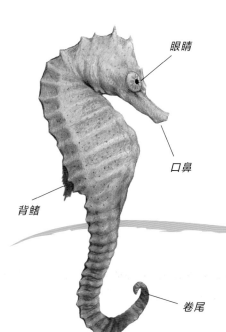

卷尾

海马

你知道吗？

有些鱼能够利用它们的鳍在海底"行走"，还有一些能够放电，这在其他物种中是不存在的。

盲鳗是一种没有颌的原始鱼类，用吸盘一样的嘴进食，就像4亿年前的鱼类那样。它们也没有眼睛，身体表面覆盖一层黏液，通常以死鱼为食。除了盲鳗，鱼类中同样保持着这种古老特征的只有七鳃鳗。

月亮鱼颜色艳丽，身体如扁圆的盘子，常见于世界各地海表水域。它们以头足类动物为食，在捕食前会将嘴塑成管状，然后将猎物吸进去。

鱼类生活在水中，通常用鳃呼吸。它们的身体遍布鳞片，体温可以随着环境的变化而变化。鱼类流线型的身体、黏液覆盖的鳞片和鱼鳍均有助于其在水中游动。鱼类可分为三大类：硬骨鱼、软骨鱼和无颌鱼。

软骨鱼和硬骨鱼

鲨鱼和鳐等上百种鱼类的骨架是由叫作"软骨"的弹性组织构成的，并且包裹着齿状的鳞片。这些鱼类属于软骨鱼。硬骨鱼的骨架由骨头构成，它们体内的一个充满气体的器官叫作"鳔"，可以稳定它们在水中的位置，既不会上浮也不会下沉。硬骨鱼种类繁多，大到翻车鲀，小到1厘米长的虾虎鱼，共约2万种。

可转动的鱼眼

鳃裂

鼻子

盾皮鱼

色彩亮丽的小丑鱼生活在热闹的珊瑚礁世界里，从来不会远离它的终身伙伴——海葵。它们之间建立的友谊使双方都受益：海葵为小丑鱼提供了避难所，而小丑鱼吃剩的食物碎片则成为海葵的食物。

在日本，一种有毒的河豚是用来招待客人的。它们的命运完全掌控在厨师手中。河豚身体的某些部位毒性很强，如果在料理时处理得当，将会是一道美味佳肴，否则的话……

河豚

　　如果鱼的伪装被靠近的敌人识破了怎么办？最简单的方法当然是迅速逃跑——如果可能的话。然而，还有一种不太常见但是却很有效的逃生方法，那就是改变身体大小。河豚就是这样做的（图中的河豚是它的正常状态）。它可以使身体膨胀，变得可怕，对一般体形的捕食者来说，怎么看都不像是一顿美味大餐。为了达到上述效果，它会吞一大口水，使身体膨胀到平时大小的2到3倍，而体长没有任何变化。

鲨鱼

　　鲨鱼大多是凶残的捕食者。它们凶猛的大口中长着数排可以不断再生的锋利的牙齿，猎物很难逃脱。鲨鱼游得非常快，而且几乎不会停下。它们没有鱼鳔，仅仅依靠肝脏里的油脂保持漂浮状态。鲨鱼的骨架由非常坚硬的软骨构成，它的皮肤由叫作"肤齿"的齿状结构形成，因此摸起来很像砂纸。鲨鱼卵宝宝需要6个月至2年的时间才能孵化，而有些种类的鲨鱼卵宝宝会在妈妈的肚子里待6个月至2年的时间。鲸鲨的体形最为庞大，但是它的牙齿却非常小。它的脾气温和，以浮游生物为食。

纪 录

魔鬼鱼（又称：蝠鲼fú fèn）体形庞大，体宽可达6米，体重超过2吨。

鲸鲨是世界上最大的鱼类，体长达15米，体重达20吨。

背鳍

尾鳍

眼睛（视力极佳）

鼻子（嗅觉灵敏）

胸鳍

　　鱼类身上的漂亮颜色并不是为了炫耀，而是为了生存。它们会根据生活环境的变化来改变身体的颜色，从而隐藏自己。在生机勃勃、五颜六色的珊瑚礁生活，它们的身体需要变换成明亮的颜色，而在开放水域里生活的鱼则会将身体变换成蓝色、灰色、绿色或棕色。许多鱼身上长着各式各样的条纹和斑点，同样能够帮助它们隐藏起来。

你知道吗？

　　🐟 鲤鱼鳞片的形状与树的年轮非常相像。

　　飞鱼的名字其实不是很准确，因为它不是真正意义上的"飞"，只是将胸鳍展开成扇状，在水面滑翔而已。它的这项技能在逃跑时非常有用：在敌人靠近之前，飞鱼会跳出水面，在水上滑翔近90米。

扁脂鲤

网球鱼

13根有毒的背刺

3根有毒的尾刺

斑点狮子鱼

2根有毒的腹鳍硬棘

锯齿状的牙齿

斑点狮子鱼

　　这种毒性极强的热带水域"居民"还有一个名字：触须蓑鲉（suō yóu）。别看它们长得小，体长不超过40厘米，但对于捕食者甚至人类来说，都是致命的危险。斑点狮子鱼生活在潟湖中多岩石的浅滩或温暖海域多礁石的水域，以小型鱼类和双壳类动物为食。它们长着有毒性的刺状鳍条，这使它们的鳍看上去异常华丽。

你知道吗？

　　🐟 鱼类长着一个特殊的器官——侧线。多亏了这条侧线，鱼类可以敏锐地感知周围的声音。

　　🐟 大约5亿年前，世界上第一条鱼诞生。

　　弹（tán）涂鱼（又名：跳跳鱼）的眼睛凸出头顶，使其能够看到各个方向的东西。它们生活在温暖的滩涂区域，水陆两栖。弹涂鱼居住的地方长满了红树林，它们很喜欢沿着树根往上爬。在滩涂区，呼吸对于弹涂鱼来说并不是问题。它们会闭合鳃裂，用头上的一个特殊小孔储存水，从而保持鳃盖潮湿。弹涂鱼利用胸鳍像毛毛虫一样爬行。在陆地上，弹涂鱼还能够将它的大眼睛缩回眼窝。

南美洲角蛙非常善于伪装，眼睛上方长着一对凸起的肉质小角，以比它们体形小的蛙为食。

蛙的种类

蛙的种类有很多，除了人们熟知的几类，还有飞蛙、树蛙、箭毒蛙和蟾蜍等。飞蛙通过伸展它们的蹼趾来滑翔，树蛙则通过脚上的吸盘贴附在树上。热带箭毒蛙的皮肤里含有致命的毒液；蟾蜍的皮肤布满疣粒，疙疙瘩瘩的。

四肢行走

两栖类动物是世界上最早出现的四肢动物。在漫长的进化过程中，四肢动物证明了它们在行走方面的优势。这一优势延续至今并传承到爬行动物、哺乳动物、鸟类身上。只不过鸟类的前肢进化成了翅膀，蛇的脚逐渐消失，进化出一种不同的移动方式而已。四肢动物大多长着5个脚趾。

两栖动物

两栖类动物是最早一批探险陆地生活的脊椎动物。它们没有了鳍，长出了真正的腿。但是，它们并没有与之前的栖息地"决裂"，而是水陆两栖。它们喜欢潮湿阴暗的地方以确保皮肤不会变干。

两栖类动物长什么样子？

两栖类动物大多能够通过潮湿的皮肤进行呼吸，而且身体可以变温。它们人生的第一阶段是作为幼虫或是蝌蚪在水中度过的，然后经变态发育长大。

蝾螈

有尾两栖类动物的主要特征为：体长、四肢细短、圆柱形或扁平状尾巴。它们的皮肤对光和空气很敏感，所以一天中大部分时间待在水里，在陆地上待的时间很短。当遇到危险时，有些种类的蝾螈会从腺体中分泌出一种有毒物质，用来对付敌人。它们通常以蜗牛、蜘蛛、昆虫、双壳类动物为食，有些甚至会吃掉自己的同类。

蝾螈通常生活在潮湿阴暗的地方，比如石头下面、地洞中或者树根间。下雨天，它们才可能会出来。

如果天气晴朗干燥，它们宁愿挨饿好几星期也不离开它们的小窝。

大多数两栖类动物对繁育后代不太上心，它们产卵之后会听任后代自生自灭。但是有些蝾螈就不会那样绝情。它们会精心照顾自己的卵宝宝，有时不光照顾自己家的，甚至还会照顾"邻居"家的。

冠蝾螈通常选择清澈、富含水生植物的池塘或水塘作为它们的居所。蝾螈细长的身体和扁平的尾巴帮助它们在水中灵活移动。在繁殖季节，雄性蝾螈身上会有明显的锯齿状乳突。

青蛙

成年青蛙没有尾巴，属于无尾两栖类动物。它们后腿上的肌肉发达，利于跳跃。青蛙无一例外都是食肉动物。它们通常生活在近水的地方，如此一来，当危险降临时，它们就能够轻松地跳进水中逃命。目前世界各地（两极地区除外）的青蛙约有25000种，常见于草地、灌木丛、树林和水边。在冬天异常寒冷的地区，青蛙会早早地在秋天钻进泥土或地底冬眠。它们会吃大量的蜗牛、昆虫和蠕虫，体形最大的青蛙甚至猎食鸟类或小型哺乳类动物。青蛙的幼虫是蝌蚪。

有些箭毒蛙是弹跳和爬树"高手"，在水中同样行动自如。

捷蛙叫声比较安静，但弹跳力强，一跳可达1.5到2米。它们生活在中欧地区的森林及周边的开阔地带。

你知道吗？

日本大鲵体长可达1.5米，体重可达23千克。

强有力的扁平尾巴

鳞

鳄鱼

尼罗鳄是分布最广泛的一种鳄鱼。它们体长（从鼻尖到尾巴末端）达6米，重达750千克，但在水中非常灵活，是凶猛的掠食者。尼罗鳄的眼睛、耳朵和鼻子都长在头顶上，这就意味着当它们浮在水面时，依旧可以完美地利用三个感觉器官感知周围的一切。尼罗鳄潜入水中时，会闭上鼻孔，利用自己强壮的尾巴游动。它们骇人的大口肌肉发达，咬合力巨大，猎物一旦被咬住，只能任其摆布。雌性尼罗鳄还是贴心的妈妈。

可怕的大口

爬行动物

爬行动物确切地说是故事书中龙的原型。尽管没有长着7个脑袋，但它们有着冷峻的眼睛、鳞甲覆盖的皮肤（皮肤甚至有可能是绿色的），头上长角，尾巴长而有力，移动方式也与众不同。爬行动物由古老的两栖类动物进化而来，生活在数百万年前的恐龙就是它们的近亲。最早形成的爬行动物化石迄今已有3.15亿年。爬行动物包括鳄鱼、蛇、蜥蜴和龟类，其中大部分通过产软壳卵进行繁殖。

壁虎

壁虎是蜥蜴目的一种，全世界各温暖地区都有它们的身影。壁虎的外形特征是：扁平的身体，大大的眼睛，黏性的脚趾可以在任何物体表面爬行。壁虎在夜间捕食昆虫。与其他爬行类动物安静的沟通方式不同，壁虎会发出尖锐的声音与同伴交流。

大蜥蜴

新西兰大蜥蜴的体长不超过1米，以鸟禽的蛋、小型动物和雏鸟为食。一排刺状凸起从它们的后背延伸至尾巴，在它们遭遇危险时可以变得坚硬。如果观察它们的眼睛，你会发现这是一双活化石的眼睛，因为它们的祖先在恐龙进化之前就已经存在了。大蜥蜴几乎每天都待在地洞里，只是偶尔出去晒晒太阳。

蜥蜴随处可见，甚至在海岸和终年积雪的地区，你都能够发现它们的身影。不同体形、不同颜色的蜥蜴习性也各不相同：有的擅长在地面奔跑，有的擅长爬树，还有的擅长潜水、跳跃或是飞行。人类通常不讨厌蜥蜴，蜥蜴一般也不会对人类产生威胁，除了一些大型的、侵略性强的蜥蜴。

爬行动物长什么样子？

爬行动物的皮肤表面覆盖着防水的鳞甲，它们通过羊膜卵进行繁殖，而且可以改变体温。

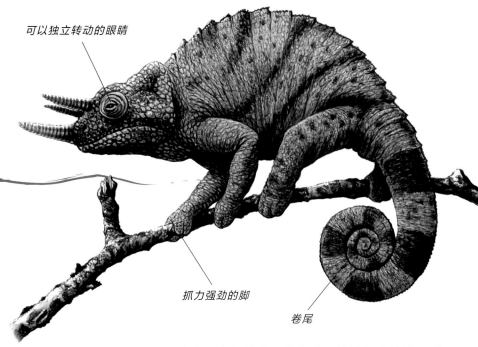

可以独立转动的眼睛

抓力强劲的脚

卷尾

你知道吗？

恐龙时代生活着体形最为庞大的爬行动物，比如著名的霸王龙，它的体长达14米，但是也有一些体长30~40米的恐龙在数百万年前的地球上出没。

变色龙

变色龙生活在非洲和印度的丛林里，能够长到30厘米长，掌握爬树这一特殊技能。变色龙可以将四肢缩回身体，然后用它的两根脚趾抓住树枝的一边，三根脚趾抓住另一边，同时以它的灵巧的卷尾做锚，将身体紧紧固定在树枝上。它的两只眼睛可以各自转动，因此可以360°寻找它的猎物。

变色龙的舌头由口中的特殊肌肉牵动，能够快速伸缩，而它的舌尖又很有黏性，所以它可以迅速将猎物粘进嘴里。花丛中倒霉的小虫子还没来得及反应就已经进了变色龙的肚子。变色龙最令人惊叹的本领就是变色：它体内的色素细胞能够重新排列，从而变换各种颜色。至于它会变成什么颜色，那就要视它所处环境的颜色和它的心情。

角蜥

德克萨斯州角蜥全身长着坚硬的鳞刺。虽然体长只有13厘米，但是它们后背上那些角状的鳞刺却相当危险。这种"小龙"自然不像书中写的那样会喷火，但是它们的眼睛能喷血。它们利用这项特殊的技能来自卫。

爬行动物的皮肤为何那么坚硬？

爬行动物的皮肤表面覆盖着一层角质，我们称之为鳞片或甲。这层鳞片或甲之下的皮肤要比哺乳动物的薄一些，包含静脉、神经和用来变色的色素细胞。一些爬行动物的鳞甲下还长有一层骨板，使其皮肤变得更加坚硬。外层的鳞甲不易扩展，会经常脱落再生。

乌龟（陆龟与海龟）

乌龟身上长着坚固的外壳，由两部分组成：背上拱起的壳叫作背甲，盖住腹部的扁平的壳叫作腹甲。乌龟长着类似鸟喙的没有牙的喙。生活在海里的乌龟叫作海龟，陆地上的乌龟叫作陆龟。

科莫多龙每天都会巡视自己的猎食领地。当它闻到领地上其他动物的气味，便会以惊人的速度去追踪逃跑的动物（通常是哺乳动物或涉禽）。它们能够坚持不懈地追逐猎物，直到猎物逃进水里或是逃到树上。然而，在陆地上，科莫多龙通常不费多大力气便能制服猎物。它先用尾巴重击猎物，然后用它强有力的爪子抓住猎物，最后再用它锋利的牙齿将猎物撕碎。

由骨鳞构成的甲壳

纪录

世界上最大的海龟生活在厄瓜多尔的加拉帕戈斯群岛，它们的体重可达230千克。而陆龟中当之无愧的世界纪录保持者是棱皮龟，体形有普通陆龟的3倍那么大。

锋利的长爪子——可以用作"钩子"

眼镜王蛇的威名可不是空穴来风——它统治着整个蛇科，主要以其他蛇类为食。

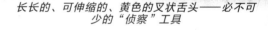

长长的、可伸缩的、黄色的叉状舌头——必不可少的"侦察"工具

眼镜王蛇体长可达5.5米，是世界上最长的毒蛇。它像一个统治者那样，并不会立即袭击那些入侵者，而是将身体前部高高立起，离地1至1.5米高，左右摇摆，以此来威慑并阻止入侵者。雌性眼镜王蛇是一个贴心的母亲，它们为自己的卵宝宝筑巢，然后用身体围住卵宝宝等待它们孵化，时间长达2至2.5个月。在此期间，雄性眼镜王蛇一直都在周边守护。

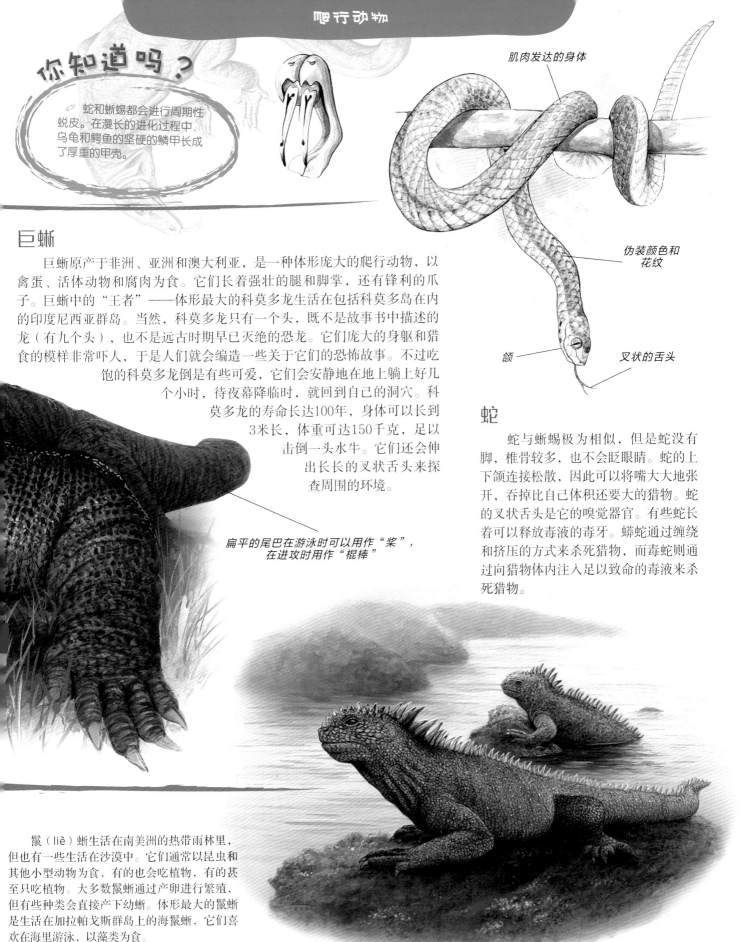

你知道吗？

🖙 蛇和蜥蜴都会进行周期性蜕皮。在漫长的进化过程中，乌龟和鳄鱼的坚硬的鳞甲长成了厚重的甲壳。

肌肉发达的身体

伪装颜色和花纹

颌

叉状的舌头

巨蜥

巨蜥原产于非洲、亚洲和澳大利亚，是一种体形庞大的爬行动物，以禽蛋、活体动物和腐肉为食。它们长着强壮的腿和脚掌，还有锋利的爪子。巨蜥中的"王者"——体形最大的科莫多龙生活在包括科莫多岛在内的印度尼西亚群岛。当然，科莫多龙只有一个头，既不是故事书中描述的龙（有九个头），也不是远古时期早已灭绝的恐龙。它们庞大的身躯和猎食的模样非常吓人，于是人们就会编造一些关于它们的恐怖故事。不过吃饱的科莫多龙倒是有些可爱，它们会安静地在地上躺上好几个小时，待夜幕降临时，就回到自己的洞穴。科莫多龙的寿命长达100年，身体可以长到3米长，体重可达150千克，足以击倒一头水牛。它们还会伸出长长的叉状舌头来探查周围的环境。

扁平的尾巴在游泳时可以用作"桨"，在进攻时用作"棍棒"

蛇

蛇与蜥蜴极为相似，但是蛇没有脚，椎骨较多，也不会眨眼睛。蛇的上下颌连接松散，因此可以将嘴大大地张开，吞掉比自己体积还要大的猎物。蛇的叉状舌头是它的嗅觉器官。有些蛇长着可以释放毒液的毒牙。蟒蛇通过缠绕和挤压的方式来杀死猎物，而毒蛇则通过向猎物体内注入足以致命的毒液来杀死猎物。

鬣（liè）蜥生活在南美洲的热带雨林里，但也有一些生活在沙漠中。它们通常以昆虫和其他小型动物为食，有的也会吃植物，有的甚至只吃植物。大多数鬣蜥通过产卵进行繁殖，但有些种类会直接产下幼蜥。体形最大的鬣蜥是生活在加拉帕戈斯群岛上的海鬣蜥，它们喜欢在海里游泳，以藻类为食。

鸟的羽毛分为不同的类型。覆盖身体轮廓的羽毛叫作廓羽，翅膀和尾巴上用于辅助飞行的羽毛叫作翼羽，而贴近皮肤、有保温作用的羽毛叫作绒羽。鸟羽的构成成分是角蛋白，在显微镜下可以清晰地看到上千条细小的羽枝和倒刺，由微小的钩状羽纤支连接。

绿咬鹃

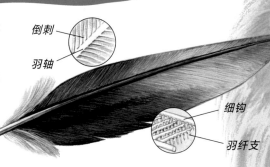

倒刺
羽轴
细钩
羽纤支

鸟类

鸟儿随处可见，它们流线型的身体优雅地掠过雪峰、海浪、森林、田野……有些鸟儿的体形比大黄蜂还要小，而有些甚至比小孩子还要大。它们不管能不能飞翔，无一例外都长着翅膀。鸟儿的身体覆盖着羽毛，用肺呼吸。它们的砂囊可以粉碎吞进的食物，一部分食物还会储存到嗉囊中。有些鸟儿能够在空中飞行数月之久。

纪录

世界上最大的猫头鹰是雕鸮，其翼展达170厘米，利爪甚至可以将刺猬撕碎。

绒鸭会拔掉自己身上的羽毛来垫巢。

水禽

水禽指天鹅、鹅、鸭子等会游泳的鸟，而涉禽指苍鹭、鹬（yù）等生活在水滨的鸟。水禽尾部的尾脂腺能够产生一种特殊的油脂，涂在羽毛上可以防水。水禽的喙的形状根据它们的饮食不断进化，而它们的蹼足也是因游泳进化而来。涉禽通常长着长长的腿和长长的喙，在滩涂中一边行走一边寻觅食物。它们的喙的尖端很敏感，因此它们闭着眼睛就能够找到食物。

你知道吗？

🖊 鸟类的骨头是空心的，充满空气，有利于减轻体重，适应飞行生活。

鸟巢

鸟类会搭建巢穴来保护自己的蛋。这些鸟巢的结构或简单或复杂。一些种类的雏鸟发育良好，孵化后即可离巢，它们不需要依赖鸟巢的保护就可以独自逃离危险并生存下去。而另一些种类的雏鸟发育不充分，十分脆弱，它们孵化后通常还无法视物，因此需要待在鸟巢里以保证安全。

猫头鹰

猫头鹰是一种捕食小型脊椎动物的猛禽。它们的听力和视力极佳，在夜间同样能成功捕获猎物。事实上，大多数猫头鹰都是夜行性动物。它们会一心一意地照顾巢里的雏鸟和刚会飞的幼鸟。耳鸮（xiāo）长着特征鲜明的两簇耳羽。它们的听觉器官高度发育，可以听到生活在它们的捕猎领地上的动物发出的最细微的声音。它们的视力极佳，通过转动脑袋就可以判断出猎物的距离和位置并精准地捕获猎物，即使有厚厚的积雪覆盖，它们也能发现目标猎物。

鸟类长什么样子？

除了蝙蝠，唯一真正掌握飞行技能的也只有鸟类了。鸟类的身上长满了羽毛，体温是恒定的。它们没有牙齿，嘴巴也进化成了喙。鸟类会产硬壳蛋繁殖后代。

覆盖耳孔的羽毛

大大的眼睛

钩状的喙

啄谷物的喙

捉昆虫的喙

吃肉的喙

扁平的喙

喙的形状反映了鸟的饮食习惯

覆盖身体的柔软羽毛

锋利强劲的爪子

外脚趾可以前后转动

你知道吗？

🖉 鸟类会换掉受损的羽毛，然后长出新羽毛。

鸟与猫头鹰的恩怨

猫头鹰几乎随处可见，但在鸟群间却不受欢迎。白天有时候，猫头鹰在鸟窝附近安静地打盹儿，鸟窝的主人就会很焦虑。它们会吵醒这个睡梦中的夜间猎手，让它飞往别处，而受惊的猫头鹰会狠狠地予以反击。为什么猫头鹰这么不受欢迎呢？怪就怪猫头鹰不管是在夜间还是白天捕食，都像幽灵那样悄无声息地滑翔接近并抓住猎物。猫头鹰主要以老鼠和昆虫为食，偶尔也会吃小鸟。

鸟类有多少根羽毛？

关于这个问题，几乎没有人敢给出答案。可以确定的是，鸟类身体的大小决定着羽毛数量的多少，举几个例子：蜂鸟约有940根羽毛，秃鹰约有7180根，野鸭约有12000根，天鹅约有25000根。

不会飞的鸟

在鸟类的进化过程中，飞行能力对于某些种类的鸟儿来说不再那么重要，于是它们的翅膀逐渐变小，直至完全丧失飞行功能。这类鸟儿包括鸵鸟、美洲鸵、几维鸟和企鹅。

鸮鹦鹉是新西兰的一种珍稀鸟类。它们虽然长着强壮的腿，却不会飞。它们主要以苔藓等植物为食，通常在夜间出来觅食。鸮鹦鹉会在植物的根系下挖洞建巢。

食猴鹰

鹰的体形庞大，长相吓人，它们将巢建在森林的树冠层。菲律宾鹰或食猴鹰原产于菲律宾群岛，菲律宾鹰就是以此命名的。食猴鹰的双翼较短，尾羽较长，因此能够在树枝间敏捷地飞行。它以极快的速度在森林中捕猎，并以小型猴类为食，因此得名"食猴鹰"。南美热带森林中的角鹰和非洲的冕雕也有着类似的生活方式。

你知道吗？

马达加斯加岛上曾经生活着一种比鸵鸟还大的鸟——象鸟。它们能长到3米多高，而它们的蛋有9千克重。

食蜜鸟是生活在澳大利亚和非洲的一种小型鸟。它们以蜂蜜、水果和昆虫为食。

伯劳鸟

亚马孙热带雨林中的鸟群有它们自己的哨兵。两种伯劳鸟担起了这项重任，一种在树上放哨，另一种在地上，当危险来临时，它们会鸣叫以警告同伴。当然它们也会要一些小聪明，特别是当它们发现了食物，就会给同伴错误的信号，而自己则趁着同伴匆忙逃跑的时候饱餐一顿。

鸵鸟

世界上最大的鸟——鸵鸟，生活在非洲大草原，身高2米。它们能够以70千米的时速奔跑，比马还要快！鸵鸟的眼睛有网球大小，拥有绝佳的视力，也因此受到视力不好的食草动物的欢迎。鸵鸟蛋的大小相当于25个鸡蛋，而且蛋壳有2毫米厚，非常坚固。刚孵出的幼鸟通常由雄鸟照料。如果两个带"娃"的雄鸟相遇，可能会打上一架，胜利的雄鸟会将失败的雄鸟赶走，然后收养它的孩子，与自己的孩子一起生活。

天堂鸟

雄性天堂鸟的专属特征是它那全身绚丽的羽毛,同时也用来吸引雌性。时机一旦成熟,雄性天堂鸟就会一边引吭高歌,一边为雌性呈现一场美妙无比的时装秀。

鹦鹉

色彩鲜艳的鹦鹉长着独特的钩状喙,爪子可以抓取食物。它们主要以植物为食,进食时会用喙将食物叼住不放。体形最大的鹦鹉是长尾金刚鹦鹉。

金刚鹦鹉

猛禽

这类鸟主要依靠敏锐的视力寻找猎物,继而用锋利的爪子和钩状的喙抓住猎物并将其撕碎。除了那些喜食"鲜肉"的鸟,食腐鸟也属于这类猛禽。

食肉鸟

食肉鸟主要依靠其敏锐的视力来寻找猎物。一旦发现猎物,它们便会用利爪将其抓住,并用钩状的喙撕碎。不仅喜食"鲜肉"的鸟是这样,食腐鸟也是如此。

蝙蝠

蝙蝠是哺乳动物中唯一会飞的族群。它们长长的足趾间长着一层薄薄的膜状皮肤，展开就成了蝙蝠的"翅膀"。蝙蝠以水果、花蜜和昆虫为食。食虫蝙蝠在飞行中会利用超声波来探路和捕食。

哺乳动物

海中生活的海豹和海豚，地上奔窜的老鼠，天上飞行的蝙蝠，树上攀爬的豪猪……它们无论是体形还是外表都各不相同，但有一点是相同的，那就是它们都属于动物王国中种类繁多的哺乳动物。无论是河流还是大海、平原还是山峰、干旱区还是多雨区、寒冷的地方还是炎热的地方，它们的身影无处不在。

大象

大象是陆地上最大的哺乳动物，以植物为食。它们用象鼻收集食物。食物丰富时，它们一天能够吃掉150~160千克。大象能用鼻子吸水，再将水送入口中或是喷洒出来给自己洗澡。大象的牙齿又尖又长，会一直生长。象牙常用来刨挖植物的根和摇晃树上的果子，很少用作武器。大象应对炎热天气的做法是每天泡几次澡，然后在身上扬土。而身上的泥巴还可以预防蚊虫。

斑马

斑马是马的近亲，在野外生活。乍一看所有的斑马都长得一模一样，实际上每匹斑马身上的斑纹都不是完全相同的。斑马整天都在吃草，通常会和长颈鹿、鸵鸟等动物一起。如果一匹斑马遇到危险，不能逃脱，它会用它坚硬的马蹄对付捕食者。

有蹄类动物

有蹄类动物通常用趾尖行走，以草类植物为食，即食草动物。根据它们脚趾的数量可以分为奇蹄类（1或3趾）和偶蹄类（通常2趾）。斑马、犀牛、马都属于奇蹄类，骆驼、牛、猪都属于偶蹄类。

你知道吗？

🖋 以花粉和花蜜为食的蝙蝠舌头上都长着鬃毛，印度假吸血蝠会先拔掉鸟的毛或是剥掉啮齿动物的皮之后再进食。

穿山甲松果模样的外壳由角质鳞甲构成。穿山甲没有牙齿，它的脚趾末端是非常锋利的爪子，用来挖掘洞穴。穿山甲主要以白蚁、蚂蚁和各类昆虫为食。

哺乳动物长什么样子？

哺乳动物的身体都覆盖着毛发，用乳汁喂养自己的孩子。它们通过肺呼吸，是温血、恒温的动物。

令人惊奇的是，身体小小的蹄兔竟然是大象的近亲。它们的脚上长着有弹性的肉垫，因此能够在陡峭的岩石上攀爬。蹄兔是群居性动物，会聚成一小群，彼此不分开。

海豚

海豚是非常受欢迎的海洋哺乳动物。单从外形上看，人们很容易将其混淆成鱼类或是鲨鱼。海豚生活在海洋或江河（江豚）中，它们成为人类最喜爱的动物是有原因的：它们不仅不害怕人类，还会帮助人类（有很多海豚助人为乐的真实故事）。海豚是游泳高手，也是可怕的猎食者。它们绝佳的双目视力和类似"超声波"的叫声可以帮助定位和瞄准。海豚通常合作捕食，通过短促的叫声与同伴交流。逆戟鲸是最大、最危险的一类海豚，也被称为"杀人鲸"。

犰狳（qiú yú）除了肚子以外，全身都覆盖着层次分明的骨质鳞甲。当它遇到危险时，会将身体蜷成一个球状，待在原地不动，直到捕食者等得不耐烦，最终离开。犰狳白天在洞穴里睡觉，夜间才出来觅食。它们的食物有蜗牛、蠕虫、植物等。

鸭嘴兽生活在澳大利亚东部地区和塔斯马尼亚岛。它们会在水下寻觅蠕虫、蜗牛和其他美味，将其藏在腮帮子里，然后浮出水面，在岸边吃掉。鸭嘴兽的洞穴也建在岸边的水下。

袋獾（huān）生活在澳大利亚塔斯马尼亚岛，也因此又名塔斯马尼亚恶魔。袋獾的体长不足1米，随时都保持着"战斗"状态，在敌人面前异常凶猛。它"恶魔"的称号就是由它凶残的个性和外貌而来。

有袋类和产卵类哺乳动物

由于幼崽面临着很多不确定的危险，所以绝大多数哺乳动物的幼崽，比如斑马，出生不久就能够行走。然而，袋鼠和考拉的幼崽出生后是不完全发育的，它们只能用尽全力爬进妈妈的"口袋"或者说是"育儿袋"里，好几个星期都不出来。鸭嘴兽和两类针鼹鼠的情况就更不同寻常了，它们产下的是卵宝宝，会在宝宝孵化后用自己的乳汁哺育它们。

食肉动物和食草动物

食肉动物通常通过捕猎获取食物，它们可以用锋利的牙齿撕咬猎物。有时它们捕杀了一只大型猎物之后会休息好几天。而食草动物则会有规律地大量进食以便摄取充足的能量。它们的牙齿和消化系统已经适应了"研磨"和"加工"植物的茎叶。杂食动物的食物既包括动物也包括植物。

非洲冕豪猪在夜间觅食，它们的食物主要有水果、树皮、植物的根系或其他部位。当受到惊吓时，它们会抖动身上疏松的翎毛，发出飒飒声并伴随着跺脚声。尽管冕豪猪不能用尖利的翎羽从正面攻击敌人，但当它将身体倒退着向对方撞击过去时，那些翎羽的威力就显现出来了。

你知道吗？

人们认为将犀牛的角研磨成粉状之后可以制成特殊的药物，因此犀牛遭到大量捕杀，已经濒临灭绝。

浣熊能够在陆地上和树丛中灵活移动。浣熊是一种胆大狡猾的动物，它们对一切东西都很好奇，抵挡不住食物的诱惑。

皮毛的作用

动物的皮毛由一种叫作角蛋白的物质构成，隔热功能极佳，能够帮助保持动物的体温。

啮齿动物

啮齿动物大多体形小，长着锋利的门齿。门齿能够终生生长，是啮齿动物用来凿开食物的工具。人们熟知的啮齿动物有松鼠、老鼠、豪猪，它们也都是数量庞大的哺乳动物中的一员。

树袋鼠

雪豹已经完全适应了数千米海拔的生活环境。它们毛发覆盖的脚爪不会陷入厚厚的积雪中，身上雪白的皮毛与周围的环境融为一体。它们追踪着猎物的足迹，在山川和谷地徘徊。

海豹

海豹主要生活在海洋中，在海中捕食。它们流线型的身体和蹼足使其能够在水中自由自在地游动。但是海豹并不是所有时间都待在水中，它们会在陆地上生产。

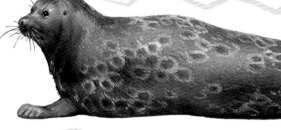

白秃猴的头脸只有在阳光下或是兴奋时才会变成红色，在暗处颜色会变浅。

灵长类的特征是：眼睛前视、手指灵活、扁平的脚趾可以抓东西。它们的腿比胳膊要短。灵长类及其祖先都生活在丛林之中。

灵长类动物

人类与猴子和猩猩（长臂猿、红毛猩猩、黑猩猩、大猩猩）同属灵长类。猴子大多栖息在树上，很聪明，学习能力强。它们之间会通过声音和面部表情进行交流。猴子几乎什么都吃，但它们也是很多动物的猎物，比如鹰、狮子、豹、美洲虎等。

雄性山魈（xiāo）面部的颜色令人震惊，能够帮助它们吓退敌人，但是对雌性山魈却极具吸引力。

狐猴和猴子

最早的灵长类很可能与现在的狐猴和眼镜猴相似，属于小型的树栖居民。它们以植物的叶子、幼鸟和昆虫为食，在夜间极为活跃。猴子有中等体形的也有较大体形的，长着圆圆的脑袋。旧大陆猴（少数例外）都长着不可以缠绕的尾巴，两个鼻孔挨得很近。而新世界猴长着可以缠绕抓物的尾巴，两个鼻孔分得很开。正由于它们的这些特征，这两种猴子又被称为窄鼻猴和宽鼻猴。

你知道吗？

猴子利用它们的尾巴掌握平衡和抓握，但是也有一些，比如蜘蛛猴，甚至能够用尾巴捡起地上的坚果。

猕猴学会了用水洗掉植物根系上的泥土再进食。

委内瑞拉红吼猴的嚎叫声非常大，几千米之外都能听到，这也就意味着它们能够准确判断出邻居的领地位置，从而避免偶遇引来的"血光之灾"。

黑猩猩确实很聪明，善于抓住机会。它们最喜欢的食物是白蚁，在吃的时候会使用"筷子"：它们先剥掉一根树枝的皮，将其伸进白蚁窝中，然后再将树枝抽出来，舔掉爬在上面的白蚁。采用这种方法的好处是可以防止被咬。需要喝水时，黑猩猩会先把树叶嚼碎，做成"海绵"，再拿到水中浸泡吸水，然后取出来把水挤进嘴里。

猩猩

猩猩没有尾巴，能够用双腿长时间独立行走，而多数物种是做不到的。它们可以将大拇指与其他手指相对。雄性猩猩的体形比雌性大，通常独居或群居。根据基因检测显示，黑猩猩与人类最接近。长臂猿在猩猩中体形最小，大猩猩体形最大。

你知道吗？

大猩猩兴奋起来会一边大叫一边用双手捶打胸膛。

它们长相可怕，但却是最温驯的一种动物。它们长着坚硬的牙齿，只用来进食而不作为攻击的武器。大猩猩白天懒洋洋的，几乎一整天都在吃。它们是群居性动物，由一个年长的雄性（银背大猩猩）担任首领。大猩猩身体沉重，成年之后就不能爬上树了。

红毛猩猩非常善于观察，也总是能找到解决问题的方法。

红毛猩猩生活在东南亚，主要以水果为食。它们的记忆力强，能够记住水果长势最好的地点和果实成熟的时节。它们渴的时候会把手伸进水里舀水喝。雄性红毛猩猩长着很明显的喉袋和颊瓣。它们一年中的大部分时间或是独居或是与孩子一起生活，而不像猴子一样群居在一起。

动物的日常

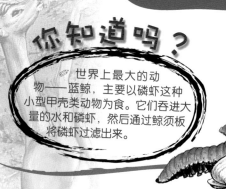

你知道吗？

世界上最大的动物——蓝鲸，主要以磷虾这种小型甲壳类动物为食。它们吞进大量的水和磷虾，然后通过鲸须板将磷虾过滤出来。

海星

海星生活在浅水中，以贝类为食。当贝壳出现开口时，海星会将自己的胃挤进贝壳内，然后直接消化掉里面柔软的身体。海星与大多数海洋棘皮动物相似，它们的身体呈五角形状，也很像车轮的轮辐。它们的触手下面有很多充满液体的管足，可以帮助它们移动和捕捉猎物。

鲸是地球上最大的哺乳动物。有记载称，鲸皮肤下有一层180厘米厚的鲸脂，难怪几世纪以来人类一直猎捕鲸，原来是为了获取它们的鲸脂和鲸骨。即便20世纪许多国家已经颁布了禁止捕鲸的法令，许多地方仍旧设有捕鲸站。

吃喝必不可少

植物能够从土壤和空气中吸收自身所需的营养物质来促进生长，而动物只能从生物体身上摄取自身所需的能量以保持身体内部的平衡，不论是活动、求偶还是繁育后代。事实上，植物和动物共同生活在一个物种丰富的大自然中。有些物种既是某些物种的食物，又是另一些物种的捕食者。当然，食肉动物最终也会沦为更大生物体腹中的食物。

等待和寻觅

像双壳类、鱼和鲸这些水生动物是从不挑食的。水里漂浮的有机物等细小的微粒都能够被它们过滤进口中，成为它们的食物。草食性的有蹄类动物通常是在大片植被覆盖的地方边走边吃，不知疲倦。而其他动物则需要动用它们所有的感觉器官去寻找食物，一旦找到，它们就会竭尽所能获取更多。

秃鹫

秃鹫通常是群体进食，吃干净地上的腐肉和动物的尸体。为了防止感染，它们的脖子上没有羽毛，光秃秃的。它们盘旋在天空中，用锐利的眼睛一边巡视，一边寻找地上的食物。

拾遗者

鬣狗会捡拾秃鹫在草原上吃剩的食物。秃鹫最先发现动物的尸体，这时候鬣狗就会观察秃鹫的着陆点，但是等它们赶到时，通常大餐已经所剩无几。秃鹫由于吃得太多，起飞变得非常困难。如果这时候鬣狗过来追赶它们，它们就不得不吐出一些肉好让自己飞起来，因此鬣狗们也能获得一部分肉食。

吸血蝙蝠

在南非有这样一种蝙蝠：它们不吃飞虫，只吸血。每当夜幕降临，它们就会外出寻找熟睡中的大型动物，比如猪、牛。它们先是在这些动物附近着陆，然后小心地爬到它们身上并用锋利的门齿咬破它们的皮肤，接着便开始吸食从伤口处流出来的鲜血。这便是吸血蝙蝠。它们还可能会"光临"夜宿户外的当地居民。

伪装高手

有些食肉动物不会主动捕食，比如螳螂。它们会先伪装自己，藏起来，然后等待毫不知情的猎物直接进入它们的视线。然而，大多数食肉动物都会主动捕食。它们经常会与同类互帮互助，共同追击和捕获猎物。

食饵种群的防御本事是它们生存的秘诀。它们自我保护的方式多种多样，最简单也最常见的就是像兔子一样逃跑。还有一种就是伪装：当捕食者靠近时，猎物立刻将自己伪装起来，伏下身体保持一动不动。有的甚至会装死，如火腹铃蟾会翻身露出腹部红色的警戒色。

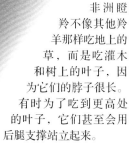

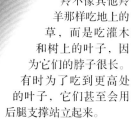

非洲瞪羚不像其他羚羊那样吃地上的草，而是吃灌木和树上的叶子，因为它们的脖子很长。有时为了吃到更高处的叶子，它们甚至会用后腿支撑站立起来。

动物们都进化出了哪些饮食习惯？

主食肉——食肉动物（例如狮子）

仅食植物——食草动物（例如大象）

既食肉也食植物——杂食动物（例如熊）

吸食液体的动物（例如蚊子）

水中过滤食物——滤食动物（例如鲸）

从残屑中摄食的动物（例如海参）

剪嘴鸥

水鸟掌握了多种捕鱼方法，有的潜入水中捉鱼，有的俯冲入水用自己的喙或爪子抓鱼，还有的漫步在浅水中用自己的喙刺杀鱼。剪嘴鸥拥有一种特殊的捕鱼技能。由于它们的下颌比上颌长，所以只需张着嘴在水面滑行，遇到鱼之后再闭上嘴将其叼住。

蝙蝠吃什么？

不同种类的蝙蝠饮食类型也各不相同，有的吃水果，有的吃花蜜，有的吃昆虫，还有的吸血。

专家

"吃"是所有动物的基本生活需求。食物中的营养成分不仅能够促进它们成长，还能够提供其活动所需的能量。在进化过程中，动物们掌握了各种各样获取食物的方法，有些是非常令人吃惊的。但是，不是所有动物都能在大自然提供的"菜单"上随意选择的。

火烈鸟

火烈鸟是滤食性动物，以富含虾青素的小虾和浮游生物等为食。随着体内虾青素的累积，火烈鸟的羽色也日渐红艳。幼年火烈鸟必须连续一年不停地吃东西才能够使羽毛变成粉红色。

大熊猫

生活在亚洲的大熊猫几乎完全以竹子和竹笋为生。它每天要咀嚼20千克的竹子，喝大量的水。虽然它一天中大部分时间都在觅食，但实际上只能消化掉其中的五分之一。大熊猫会爬树，但是很少爬。此外它还是一个游泳高手。

蚂蚁

有些蚂蚁非常喜好甜食，而蚜虫可以分泌一种叫作蜜露的甜味液体。所以蚂蚁意识到蚜虫可以满足它们的这种喜好之后，便会轻抚蚜虫的后背，使其分泌这种甜味液体。为了自己的"最爱"，蚂蚁还会承担起保护蚜虫的义务，袭击那些吃蚜虫的昆虫。

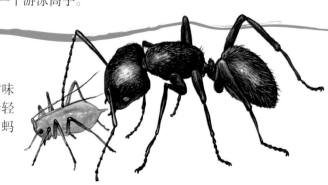

鹈鹕

鹈鹕（tí hú）长着特殊的喙，下颌下面是柔韧的喉袋，能够盛好几条鱼。鹈鹕在捕鱼时会吞进好几升水，如果它想把鱼咽进肚子里就不得不先把水排出来。有时海鸥会小心翼翼地停在鹈鹕的头上，希望能在它张开嘴的时候偷一条鱼出来。

射水鱼

射水鱼栖息在河口和红树林沼泽地带。它在水中找到的食物似乎并不能填饱它那饥饿的胃，于是它把目光投向了岸上的昆虫。当它发现一只停留在距离水面1.5米高的叶子上面的虫子时，会像一把玩具手枪那样从嘴里喷射出一股水柱，直接将虫子击进水里吃掉。这其中的秘诀就是：它用舌头抵住口腔顶部的一个特殊凹槽形成管道，当鳃盖合上的时候，一道强劲的水柱就会沿着管道被推向前方。不过，射水鱼并不只擅长射击，必要时，它们还能够跃出水面直接捕获猎物。

考拉

考拉是一种小型的有袋动物，生活在澳大利亚东部沿海地带，每天要吃掉约1.5千克的桉树叶，为此，它们要"检验"约9千克的桉树叶。而这项无聊的工作和低热量的饮食导致考拉白天大部分时间都在睡觉。考拉前爪上的前两个趾头与其他趾头是反向生长的，所以它们爬树熟练，在地上移动却很笨拙。

食草动物

食草动物的牙齿已经适应了啃食植物，它们的臼齿可以将结实的植物纤维嚼碎。它们的消化系统中还存在可以分解纤维素的微生物。食草动物会进食大量的植物来获取足够的营养。

埃及秃鹫

埃及秃鹫长着非常坚硬的喙，但面对厚厚的鸵鸟蛋还是束手无策。为了能够吃到丰盛美味的鸵鸟蛋，聪明的埃及秃鹫会将石头从高处扔向鸵鸟蛋，一次次地扔石头直至鸵鸟蛋壳裂开缝隙。

猎食战术

无论是独自猎食还是集体猎食、白天猎食还是晚上猎食、天性使然还是后天习得，每个动物都使出浑身解数，争取获得足够多的食物。正因如此，动物之间结成了很多不寻常的猎食联盟，一系列复杂的猎食行为也随之诞生。它们之间巧妙的协作使一些看似不可能的猎食任务成为可能。

蜜獾和向蜜鸟

几乎没有动物能够消化蜜蜡这种构成蜂巢的物质，但向蜜鸟例外。对于向蜜鸟来说，如何接近蜂巢才是最困难的。当向蜜鸟发现了一个蜂巢，它会不停地拍打翅膀并鸣叫来吸引蜜獾的注意，然后带领蜜獾来到蜂巢，待蜜獾用锋利的爪子捣毁蜂巢并吃掉蜂蜜之后，它就取食剩下的蜜蜡。

切叶蚂蚁

蚂蚁大多在巢穴四周寻觅食物，但热带雨林中的切叶蚂蚁不是这样。它们会离巢去寻找自己喜欢的树叶，然后用锋利的颚切下树叶带回巢穴。它们在巢穴里不会直接吃掉树叶，而是将它们咀嚼成叶浆，为培养真菌创造了适宜的土壤。真菌长成之后，就成为了切叶蚂蚁的食物。

每年鲑鱼洄游的时节就是灰熊的狂欢节。灰熊站在河流的上游等候逆流而上的鲑鱼——它们最喜欢的食物。当鲑鱼在湍急的水流中跃起时，灰熊便会趁机抓住它们。

你知道吗？

🖋 蜉蝣成虫不取食，通常只有一天的寿命，在此期间它们的主要任务就是繁殖。

🖋 帝企鹅能够两个月不进食直至企鹅宝宝破壳孵化，更令人吃惊的是，雄性企鹅还能回吐胃中储存的食物来喂养幼企鹅。

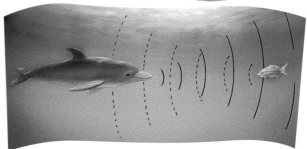

海豚能够利用从目标物体反射回来的超声波信号确定目标物体的位置和大小。

乌贼

乌贼最喜欢的食物是小虾，即使小虾钻到海底的泥沙里躲起来，乌贼也决不放弃。它喷出一股强劲的水流冲击小虾躲藏的泥沙，里面的小虾就会暴露出来，乌贼只需用触手捉住小虾就能美餐一顿了。

夺食

像蛛蜂和贼鸥这类动物会抢夺其他动物的食物。它们懒得自己去捕食猎物，而是守株待兔。它们先埋伏起来，待其他动物带着捕获的食物经过，它们便猛然出击，将食物抢走。

永久循环

植物处在食物链的最底端，往上一层是食草动物，即初级消费者，再往上是食肉动物，即二级消费者，最高层是三级消费者，以二级消费者为食。最终，具有分解作用的有机体将动物的尸体分解成植物根系能够吸收的物质。然而，食物链并不是只朝一个方向发展。有时，某些物种之间互为捕食者和被捕食者的角色，又或者两种角色都扮演，输赢决定最后的角色。

食蚁兽擅长吃白蚁和蚂蚁。它们用有力的爪子捣毁蚁巢，然后用长约60厘米、带黏液的舌头舔食。

黑腹狼蛛天一亮就会离开地洞出去捕食。像其他狼蛛一样，它并不是织网捕食，而是埋伏起来，扑击捕食。

你知道吗？

有些动物会在食物稀少的时节储存食物，仓鼠、松鼠和田鼠就是这样。它们会把两腮塞满食物带回窝，甚至还会把食物变干。鼹鼠有专门的储物室来储存蚯蚓，为了防止蚯蚓逃掉，它会咬掉蚯蚓的尾部。土拨鼠会把它们的窝里装满用牙齿咬断的草。豹子会将自己捕获的大型猎物挂在树上，隔几天就过来吃一些。

触角的作用

动物的触角上遍布数千个微型传感器，用来辨识方向。它们通过空中动作和体温变化来接收信息，并能追踪气味，从而寻找食物和配偶，或者警告靠近的捕食者。

雄性蚕蛾毛茸茸的触角可以帮助它们发现雌性蚕蛾释放的物质，对它们来说、一个微小的分子就足以帮它们找到雌性蚕蛾的位置。

嗅觉、味觉、触觉

动物是通过化学刺激、视觉、听觉和触觉来感知外界的，这对于它们外出求偶、躲避有害物质以及觅食尤为重要。当然，它们也会积极释放刺激物来影响种族中的其他成员或是附近其他种族的动物的行为。当一个动物发出信息，另一个动物予以回复时，单向信息就变成了"对话"。

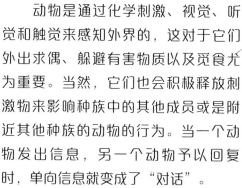

蛇是冷血动物，喜欢在早晨晒太阳取暖。它们具有红外视觉感应能力，在外出捕食时，能够感应到动物的热成像。

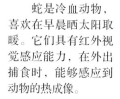

追踪气味

哺乳动物生活在一个充满气味的世界。人类最好的朋友——狗，非常擅长追踪气味，它们能够分辨出双胞胎，还能够嗅出毒品。狗还会用排泄物圈定领地，对于同类来说，这种气味信号暗示它们最好远离此处。

猪笼草能够散发出香味诱使昆虫落入它的陷阱。

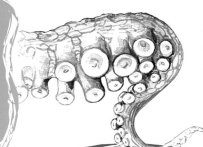

纪录

世界上最臭的动物是臭鼬。雄孔雀蛾的嗅觉器官最发达，因为它触须上的10万个受体可以侦测出10千米外的雌蛾的气味。一只雌蛾散发出的百万分之一克的香气就足以吸引1亿只雄蛾。

刺细胞动物和章鱼用它们的触手来感知和抓捕猎物。它们触手上的吸盘是绝佳的攀岩工具。

有用的触觉器官

某些动物身体上长着特殊的触觉器官，通常分布在口的周围。这些触觉器官主要用来感知，但同时也是非常重要的获取食物的工具。节肢动物的触须是它们的触觉器官。一些动物拥有能够探知震动和空气流动的毛发，例如猫高度敏感的胡须。刚出生的袋鼠宝宝眼睛睁不开，耳朵也听不见，只能依靠触摸来找到妈妈的乳房。海参黏黏的触手可以收集食物，星鼻鼹鼠鼻子附近的细小触手可以在黑暗中寻找食物。

你知道吗？

◎ 狗的嗅觉灵敏度是人类的几百万倍，所以它们能够从一大堆相似物品中找到主人只接触了几秒钟的东西。

◎ 昆虫利用触须探测气味来辨认方向。

臭鼬会从它的臭腺中喷射出一种刺鼻的液体进行自卫，这种液体可以喷至10米外。受害者一旦闻到这种气味，过了一年也摆脱不掉。

你知道吗？

◎ 鸟类中除了秃鹫和海鸟，通常嗅觉都不太灵敏。

◎ 鱼类的嗅觉器官非常灵敏（例如，鲨鱼能够闻到500米外的血腥味），乌贼通过喷射墨汁进行自卫，这样敌人就看不到也闻不到了。

大王花是一种花冠直径达1米左右的开花植物。其花朵可以释放一种腐肉的气味，对那些飞虫来说极具吸引力。

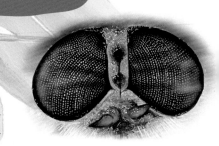

眼睛越多，视力越好

无脊椎动物通常长着两只单晶状体的单眼。但蜻蜓比较特殊，它长着两只复眼，由约3万个单眼组成。这些单独的晶状体共同拼凑出的一个世界形象，远不及人眼看到的那样清晰完整。

眼镜猴的身体最长不超过15厘米，尾巴却有25厘米长。它们长着大大的夜视眼，利于在夜间捕食昆虫。眼镜猴可以在树丛间自由跳跃，即使在陆地上也毫不逊色。它们足趾尖上的肉垫使其能够垂直向上攀爬。

看和被看

对动物们来说，外界看得越清楚，出行就会越容易。也就是说，视力越发达，动物获得的外界信息就会越多。鸟类五颜六色的羽毛区分了它们的种类和性别；犄角的大小是力量的象征；遵循其他同伴的路线帮助鱼群聚在一起。

科学家们发现蜜蜂如果找到了花蜜或是花粉，会通过跳舞来互相告知。圆圈舞是告知附近的蜜源，而摇摆舞则是告知花圃的方向和距离。

鹗（又名鱼鹰）在水面上空成圆圈状飞行，锐利的眼睛注视着水面附近游动的鱼。发现目标猎物之后，它们会收拢两翼，急速降到水面，伸出两只长脚将鱼抓起，溅起高高的水花。它们的脚爪表层粗糙，可以牢牢地抓住鱼黏滑的身体，使其无法轻易逃脱。

纪录

马蝇的视力最好，视域宽广，甚至可以看到背后环境。而猫的视域仅为187°，人的视域也只有125°。老鹰的视力最敏锐，白肩雕甚至可以看到3千米外的兔子。亚马孙四眼鱼是眼睛最多的鱼类，它们的眼睛高高地突出在头顶上，使其可以同时看到水下和水上的环境。猛禽可以看到的距离是人类的30倍。

攻击姿势

示弱姿势

狼的意图和情绪可以通过其头、耳朵和尾巴的状态清晰表达出来。作为狼的后裔，狗继承了这一古老的肢体语言。

肢体语言

许多哺乳动物通过面部表情和身体姿势进行交流，比如猴子和狼。这种独特的符号语言常见于群居性动物。

云豹毛发的颜色帮助其隐藏到周围的环境中。

你知道吗？

很多动物缺少支配眼球转动的肌肉，因此它们只能依靠转动头来改变视线方向。

箭毒蛙身体上鲜艳的颜色属于警戒色。它们皮肤上的有毒分泌物是世界上毒性最强的毒液之一。1克这样的毒液就足以使一群人致命。

颜色和形状

视力敏锐的动物能够"读懂"颜色信息，有些甚至可以通过颜色进行交流。雄鸟的羽毛通常颜色很艳丽，花纹也很特别，这样才能吸引雌鸟。雏鸟喉部的羽毛或是喙的底部颜色鲜艳，能够强烈刺激它们的父母给它们喂食。动物身上的黄色、黑色、红色等象征危险的颜色能够吓唬捕食者。例如黄蜂的颜色就是警告捕食者不要靠近。其他动物也会很机智地模仿这些颜色，但丝毫没有杀伤力。

你知道吗？

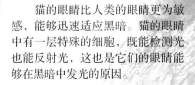

猫的眼睛比人类的眼睛更为敏感，能够迅速适应黑暗。猫的眼睛中有一层特殊的细胞，既能检测光也能反射光，这也是它们的眼睛能够在黑暗中发光的原因。

栖息在树上的食肉动物双眼都进化出了视力，能够精准地辨别周围的环境。也就是说，两只眼睛各自对准目标成像，并传递给大脑，然后大脑根据这两个不同的画面来计算出目标的真实位置。

动物的外耳越大，听觉就越好。

蝉利用身体两侧的鼓膜鸣叫。它的鸣肌可以收缩，从而震动鼓膜发出响亮的鸣声。

狼通过嚎叫告知同伴自己的位置，同时也提醒入侵者已经侵犯了它们的领地。

声音和听觉

利用声音交流并不只是人类的特征。人的声带可以发声吐字，交流复杂的信息。尽管人类语言多种多样，但是发声原理是相似的。然而，动物的语言通常一次性只传达一种信息，例如警报信号、请求或求救信号，大多数动物用耳朵接收这些信息。人类已经能够理解某些动物的声音信号，而某些动物也能够"翻译"少量的人类语言。

琴鸟长着华丽的尾巴，擅长模仿声音。它们能够"说"好几种"外语"，还能模仿乐器声、人声和狗叫。

发声

哺乳动物通过声带振动来发出声音，鸟类利用空腔和喉部唱歌，蟋蟀通过摩擦身体部位发出声音……这些动物利用自己的颈、翅膀、脚等身体部位发出人类听得到或听不到的声音：听得到的是被称为"次声"的超低频声音，听不到的是超过两万赫兹的超声波。也就是说，动物们会相互交流信息、警告危险、告知食物地点，说不定还会谈论我们人类呢！

你知道吗？

 大多类动物能够制造4到8种不同的声音信号，鸟类多达14种，黑猩猩35种。
 天牛通过摩擦覆盖着胸腔的两片甲来发出吱吱的声音。

大多数哺乳动物利用外耳来收集声音。无耳海豹是一个例外，它们只通过头上的一个洞来接收声音。

毛毛虫能够利用身体上的纤毛感知声音。

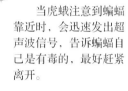

想被听到/不想被听到

一只动物，无论多么谨慎、多么努力地隐藏自己，它移动时发出的声音总会将其"出卖"给"朋友"或暗中的窥伺者们。比如，鼹鼠就利用这一点轻易捕食到了蚯蚓。

而在某些情况下，移动产生的噪音可能也会是好意和有意的。比如，当一只海狸用尾巴用力快速拍击水面时，它是在警告其他海狸有威胁。

当虎蛾注意到蝙蝠靠近时，会迅速发出超声波信号，告诉蝙蝠自己是有毒的，最好赶紧离开。

响亮而清晰的声音

动物通过听觉来感知声音。脊椎动物利用头上的耳朵接收振动，而无脊椎动物利用身体不同部位的"耳朵"接收声音。例如，蟋蟀的腿或胸部长有听觉器官，切叶蚁则通过触碰其胸部尖端到腹部第一节，将信息传达给其他蚂蚁。

你知道吗？

黑木蚁"哨兵"在遇到危险时会用头部撞击巢壁。这类警告信息通过巢壁的振动传递给内部的蚂蚁。

骗人的表象

看到蛇跟随魔术师的笛声起舞，你可能会认为蛇有极佳的乐感。而事实上，蛇是音盲。它会用眼睛时刻锁定人的动作，用腹部时刻感受人的脚步。当它感觉受到威胁时，就会抬起身体。长此以往，它可能不会再吃东西，死于饥饿，甚至还会咬人。

纪录

吼猴是叫声最响亮的哺乳动物，在其领地12千米以外的地方都能听到它的叫声。

牛蛙是叫声最大的两栖动物，它们震耳欲聋的叫声是由其巨大的声囊产生的，3至4千米外都能听到。

座头鲸拥有最复杂的动物语言，它们都有自己独特的叫声。仅一次对话，座头鲸就会使用几千种声音。

蟋蟀是声音最吵的昆虫。只有雄性蟋蟀能够通过摩擦翅膀而发出声音。它们的这种"叫声"通常在400米外都能听到。

袋鼠长着一条强有力的尾巴和超大的后肢。跳跃是它独特的运动方式。

纪录

世界上跑得最快的动物是猎豹（每小时110千米）。褐雨燕能以每小时170千米的速度飞行。一只游隼俯冲时的速度能达到每小时400千米。剑鱼和神仙鱼能以每小时80千米的速度游动。蜻蜓是飞行速度最快的昆虫，每小时达65千米。

运动

在动物王国中，运动是生命力的象征。大多数动物在觅食、寻偶、逃避追捕和照顾幼崽时会频繁迁移。但是也有例外，一些无脊椎动物会在某个固定的地方度过生命中的某个阶段或是整个一生。

飞行

许多动物能够借助升力实现飞行，但只有昆虫、蝙蝠和鸟类真正通过扇动翅膀来飞行。扇动翅膀需要大量的能量，不仅可以帮其升降，还能使其盘旋停留在空中。

为了节省体力，鸟类会利用不同温度的热气流进行滑翔，而当它们不需要消耗能量的时候，它们也会滑翔到地面上。尽管盘旋能够使动物保持在同一个地方，但会消耗大量能量。不过这对昆虫来说不算难事，因为它们的体形小。鸟类快速扇动翅膀悬停时能发出嗡嗡的声音，蜂鸟就是在悬停中觅食的。

移动

大多数动物利用复杂的肌肉收缩实现移动。然而，肌肉不仅在运动中起着重要作用，在其他生命过程中也扮演着重要的角色：它帮助心脏跳动，促使食物到达正确的地方，保证血液在周身循环。而结构最为简单的动物则通过摆动纤毛（鞭毛）或者通过变形运动来实现移动。

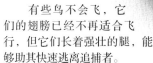

有些鸟不会飞，它们的翅膀已经不再适合飞行，但它们长着强壮的腿，能够助其快速逃离追捕者。

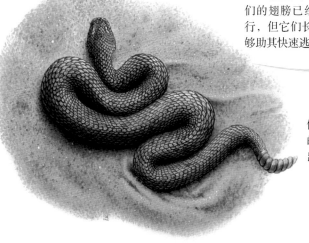

波状移动

大部分蛇和一些蠕虫有相似的移动本领，它们会反向弯曲身体呈波浪状向前移动。这种波浪状移动方式在坚硬的地表和柔软的表面（如沙子、水）都很有效。有些蛇还能够用力将自己抛出，以实现更快速的移动。

猎豹奔跑的动作由一连串跳跃组成，它的爪子就像运动员的"钉鞋"一样。这种大猫能在短距离内将奔跑速度提至最高。如果它不能在500米内捕获猎物，就会放弃追逐。

倒挂

树懒喜欢慵懒地吃树叶，以避免任何突然运动。当然在食物不够吃的时候，它也会移动到其他树枝或者树上，但这个过程像放慢镜头那样缓慢。正因为树懒这种消极的生活方式，无数的无脊椎动物，如节肢动物和藻类，便附生在它们的毛发中。虽然树懒在地面上移动迟缓，但是当它倒挂在树上，几乎没有任何竞争对手，落入水中时也会游得惊人的快。

跳跃

青蛙和袋鼠等动物通过跳跃的方式快速移动。它们通常利用后肢肌肉的力量蹬地前进，而跳蚤通过收缩和伸展后足像弹簧那样跃入空中。

熊走路时整个脚掌着地，上树时前掌用力。

行走

有脚动物依靠自己的脚移动。它们的移动速度很大程度上取决于脚与地面接触的程度。许多两栖动物、爬行动物和一些哺乳动物，如熊和人类，走路都是全脚着地，因此相对缓慢。而依靠脚趾或脚趾尖行走的动物速度要快一些。猫狗属于前者，而羚羊和马属于后者。

游泳技能

动物们掌握了很多水中移动的技能。例如，单细胞动物通过摆动身体上的纤毛向前移动，而大一点儿的水生动物则利用鳍、脚蹼和肌肉来使身体弯曲前进。章鱼一类的软体动物利用头下部的漏斗状体管向外喷水，然后通过这种突然的喷射力向反方向移动。

据长期观察，鳄鸟是一种非常勇敢的鸟，喜欢在鳄鱼的血盆大口中寻找食物。实际上它们是帮助鳄鱼清理掉牙齿间的食物残渣和小型寄生虫。如今这种有趣的行为已经很少见了。

同伴

动物间的密切关系不只存在于同类物种间，也常有外形、大小完全不同且没有血缘关系的动物共同生活的情况发生。它们之间的这种良好关系建立在互惠互利、互帮互助的基础上。不过，这种密切关系偶尔也在不伤害对方的情况下存在着利用的成分。

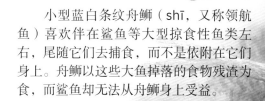

小型蓝白条纹舟鰤（shī，又称领航鱼）喜欢伴在鲨鱼等大型掠食性鱼类左右，尾随它们去捕食，而不是依附在它们身上。舟鰤以这些大鱼掉落的食物残渣为食，而鲨鱼却无法从舟鰤身上受益。

精明的鸟类

红嘴牛椋（liáng）鸟大部分时间都依附在非洲大型哺乳动物身上。疣猪、长颈鹿、犀牛等食草动物能够容忍它们，是因为这类鸟会用镊子一样扁平的喙将吸血寄生虫从它们的耳朵、鼻孔和身体其他部位除掉。然而，被清洁的宿主获得的并不全是好处。有时，红嘴牛椋鸟也会啄开寄生虫造成的伤口吸食血液，使宿主的伤口无法愈合。

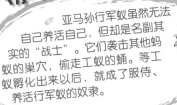

亚马孙行军蚁虽然无法自己养活自己，但却是名副其实的"战士"。它们袭击其他蚂蚁的巢穴，偷走工蚁的蛹。等工蚁孵化出来以后，就成了服侍、养活行军蚁的奴隶。

海蟹有许多天敌。墨鱼、底栖鲨鱼和鳐鱼都喜欢以海蟹为食。寄居蟹为了自保，会将脆弱的身体藏在其他动物的空壳中。但海蟹的生存法宝远不止这些。有些种类的海蟹会用钳子将长着带刺触手的海葵固定在自己的外壳上。这样一来，海葵有毒的触手就会刺痛那些靠近海蟹的捕食者。作为回报，海蟹则一直背着行动困难的海葵四处觅食。

幼象如果离开象群可能会面临死亡的威胁。雌象会教导和保护幼象免受捕食者的攻击。

动物间的关系

许多动物对其他生物的存在漠不关心，但也有一些动物之间建立了单向的关系，比如某些食肉动物和寄生虫。如果没有食物来源，寄生虫将面临饿死的风险。捕食猎物是食肉动物的根本利益所在，因此，寄主身体维持健康的时间越长，寄生虫就活得越好。幸运的是，寄生虫和寄主在多数情况下是相互受益的，或者可以说二者至少不会相互伤害。

灵长类动物族群遵循着严格的等级秩序，但日常杂务由所有成员共同参与。

在温暖的海洋中，珊瑚礁上的小型清洁鱼为鱼类群落提供着一项非常有价值的服务。像濑鱼这样的大鱼就会定期造访它们。大鱼一动不动地浮在水中，张着嘴和鳃盖。清洁鱼大胆地游到大鱼的口中清除寄生虫。如果没有这些清洁鱼，珊瑚礁上的许多鱼类就会遭受寄生虫的侵扰或感染。

生活在白蚁巢的不只是白蚁这个"主人"，还有许多"房客"——昆虫、鸟类和爬行动物，这些动物都与白蚁比邻而居。

同心协力

麝牛仅凭一己之力对付一群拥有尖牙利爪的捕食者几乎是没有胜算的，但是它们却能够同心协力保护自己。麝牛有一种抵御外敌的方法屡试不爽，那就是公牛牛角朝外，在母牛和小牛周围围成一圈。面对这个保护圈，即使像狼那样狡猾的捕猎者也无能为力。

几乎每个动物群体都有"强盗"，试图抢夺别人来之不易的猎物。

动物们向对手示威并不一定要通过打斗。例如，河马会张开大嘴，亮出巨大的牙齿。这给入侵者传递了一个信息，要想毫发无伤地离开，这是最后的机会。

凶猛的对手

甲虫的争斗

甲虫与人类相比虽然渺小，但当生存、领地或交配权利受到威胁时，它们也会像其他动物一样互相争斗。锹甲会试图用上颚夹住对手的腰部，得手以后就摔打对方直到对手被迫松开自己，然后再使劲儿将对手扔出去。输了的一方可能会被摔死。

即使平日里能够和平共处的动物之间偶尔也会发生冲突。在选择配偶或抢占地盘的时候，这种情况尤为常见。根据自然规律，胜者一般是最强壮、最聪明、最有能力的，而败者至少还能留下一条命。决斗的目的也是为了建立一种等级制度。如果每个动物都分配到相同的资源，都无法获得足够的食物，那么它们很快就会死亡。

你知道吗？

有些动物为了摆脱困境会选择舍弃身体的一部分。为了保命，海星会断臂，蜥蜴会断尾，榛睡鼠会舍弃尾部皮毛，蜘蛛会断腿。哺乳动物或鸟类却不会使用这个伎俩，因为它们缺乏再生缺失肢体的能力，没有这种能力是不能用这种方法逃生的。

面对对手，伞蜥首先会主动摆出威胁的姿势并发出嘶嘶声，但如果对手不退缩，伞蜥就会发起攻击。

动物之间争斗的原因，除了抢夺猎物，还有其他的原因，比如打败对手。

岸边突袭

虎鲸（逆戟鲸）是个大胆的捕猎者。它最喜欢的猎物是海豹，有时它会将海豹追赶至岸上再抓住，或者将海豹栖息的浮冰掀翻，在水中抓住海豹。虎鲸是唯一一种捕猎其他海豚科的海豚科动物。

毒液——一种危险的武器

海蟾蜍原产于南美洲。它实际是一种体形非常大的蛙类，对攻击者来说也很危险，因为它眼后的腮腺发育良好，能分泌出有毒的乳白色液体。海蟾蜍能吃掉它遇到的任何动物，只要它的嘴能将其吞下。它的皮肤粗糙，眼睛上方有类似"眉毛"的起脊。

豹猫是一种小型猫科动物，分布在南美洲，适应了各种栖息地类型。它的食谱很广泛，通常以蝙蝠、蜥蜴和蛙类为食，也能够捕食体形与幼鹿相近的动物。如果豹猫吃了一只海蟾蜍，它就会在15分钟内中毒而亡，为此付出高昂的代价。

印度眼镜蛇主要的天敌除了猛禽就是蛇獴。这种蛇以小型哺乳动物为食，有时也会被蛇獴打败。蛇獴身体敏捷，能够灵活地避开眼镜蛇的毒牙，咬住眼镜蛇的脖子杀死它。

树蛙能够随着周围环境的颜色变化而改变自身绿色的深浅程度。

日鸭（jiān）会突然展开其有明显翅斑的双翅来威慑袭击者。

自卫

　　有些动物将伪装作为一种防御手段，如果捕食者还是能够发现它们，它们就会使出"杀手锏"。有些蝴蝶的翅膀上长着类似眼睛的斑块，当有鸟类飞过来时，蝴蝶就展开翅膀，上面巨大的"眼睛"会吓退袭击者。虽然南美的日鸭本身就是鸟类，但它们也会用相同的方式保护自己。

反击

　　如果无法逃脱，被猎捕的动物就会主动反击，因为这是它们唯一的生机。有角的食草动物可能会重伤食肉动物，然后趁机溜走。南美的西貒（tuān）都是群居在一起的。有时，如果有美洲豹袭击它们，其中一只西貒不会马上逃跑，而是向美洲豹发起猛攻。这一举动会吸引美洲豹的注意力，使其他同伴有机会逃脱。当然，那只挡在美洲豹面前的西貒也会尝试脱身，但却未必能成功。

漂浮在水中的钝吻鳄可能会被误认成木头。

伪装

　　如果捕食者没有发现潜在的猎物，那么猎物的伪装就是最成功的。这种伪装就是使身体与周围环境的颜色或外形相同，或是伪装成不能食用的东西。某些动物，比如变色龙、章鱼和树蛙，可以通过改变自身的颜色来适应周围环境。

是枯叶还是蝴蝶？只有仔细观察之后才能下结论。

你知道吗？

　　透翅蛾长得非常像黄蜂，身体黄黑相间，身上有毒刺，甚至可以发出嗡嗡的声音。

老虎身上的条纹能够与周围高高的草丛融为一体，等到猎物发现老虎猎捕它时可能已经来不及逃脱了。

奔跑

面对捕食者，奔跑也许是最简单的逃生方法。然而，由于常常遭到捕食者伏击，动物们必须时刻保持警惕。这就是为什么食草动物经常抬头观察四周、闻气味、听声音的原因。

拟态

动物不一定要真的可怕或有毒才能避开捕食者，有时外表看起来危险就足够了。例如，有一种无毒无害的蛇，其皮肤花纹酷似致命的银环蛇。因此，想要捕猎的动物会主动避开这种蛇。

有些无毒的蛇，如猩红蛇，看起来也像毒蛇。

你知道吗？

当跳羚发现附近的捕食者时，会一边跑一边跳向空中。这对于捕食者来说是种信号，表明它已经被跳羚发现，不值得再追捕。

北极熊在雪地里挖出洞穴，每个洞穴都包含数个房间。这种洞穴不仅能够帮助它们抵御严寒，也为生育幼崽提供了安全的场所。

刺鱼在湖底建造合适的巢穴。

动物的家园

当你进入动物王国探险时，你会发现巢穴、深洞、洞穴、窝等只是富有创造性的建造结构中的一部分。有些动物的住所建造得非常简单，而有些则是精心设计的建筑杰作。这些住所通常都是极好的藏身之处，有时候这些住所也被当作育儿的场所或获取食物的必要工具，而有些则被当作它们永久的家园。

印度常见的长尾缝叶莺首先会将叶子卷曲成杯状，用喙刺穿叶子边缘。然后用自己做的线把叶子缝合在一起，然后打结固定。最后，它再将一些柔软的材料垫在窝里，如羽毛、毛皮和植物茎秆。

搭窝和筑坝

河狸建造洞穴时将洞口建在水下。洞穴内有一条通道通向位于水面上的大厅（餐厅），并延伸至起居室。即使水位上升，河狸也不会受到影响。它只需要从天花板上刮泥来垫高地面。如果屋顶变薄，它就会从外面找泥土和树枝来加固。为了保证通风，屋顶会留下透气孔。晚上，河狸从树上获取建筑材料和食物，为过冬准备充足的树枝和树叶。

你知道吗？

✎ 很久以前，由于攀雀的巢穴耐磨又保暖，常被人们当作鞋子穿。

蜘蛛可以编织各种网来捕捉猎物。蚁蛉幼虫在沙质土中设下漏斗状的陷阱，坐等粗心的蚂蚁掉入它的陷阱，然后用大颚把猎物钳住。

南美洲的灶鸟，体形大致与画眉鸟相同，能建造一种黏土巢，形状类似烤箱。鸟巢的巢壁用植物材料和粪便加固，内部甚至还有隔墙，这就在鸟巢内部为雏鸟创造了一个保护区。

鼹鼠的前肢长着有力的爪子，便于在地下挖洞。它将挖洞扒出的泥土堆积起来，在洞口周围形成一个土丘，这就是鼹丘。

鸟巢真的可以吃吗？

当然！不过那是一种特殊的鸟巢，是一种完全由金丝燕固化的唾液形成的珍贵的食用燕窝。

精心建造的白蚁巢常遭到土豚这类强盗的入侵。

混凝土似的墙壁

白蚁需要一个温暖而阴凉的栖息地，大自然基本无法满足这样的需求，但它们会自己创造。白蚁建造的蚁巢，即使是在大草原或沙漠上，也能为它们提供恰到好处的生存环境。墙壁由泥土、唾液和排泄物混合而成，内部设有透气孔。白蚁巢内部根据不同的用途分成了许多空间。在多雨的地方，白蚁会在蚁巢上方建造一个屋顶。而在沙漠中，它们为了避免受到炎热的天气影响，充分利用下午的阳光，会将蚁巢建在南北轴线上。

胡蜂用一种木纤维浆和唾液建造成一种开放的球状蜂巢，包含几层蜂室。

攀雀筑的巢是封闭式的，挂在高高的枝头。巢的框架由植物纤维制成，再填充柔软的棉絮、羊毛形成巢壁。

你可能会在野玫瑰花丛上看到小苹果一般大的红色或绿色球状苔藓。这便是瘿蜂幼虫寄居的地方。虫瘿是由植物本身的一部分形成的，初夏时母蜂将卵产在叶芽中，因此每只卵都有自己的蜂房。幼蜂在秋季化蛹，第二年五月才发育成熟，飞离它们居住近一年的地方。

食蜂鸟

养家

在动物王国——主要是鸟类和哺乳动物——为了养育下一代常常建立起家庭。动物们在照顾家庭这方面堪称典范，也就是说，它们不仅要照顾自己的后代，还要帮忙照顾亲属的后代。当然也有许多做法完全相反的动物，尤其是无脊椎动物，这些动物只对生育后代有兴趣，却不负责照顾后代。当然，前提是它们必须先找到伴侣……

吸引异性的招数

不同物种选择伴侣的方式各不相同，通常是雄性动物向雌性展示自己的魅力，"唱歌"，送礼，披上华丽的羽毛，给"准新娘"留下深刻印象，或是长出巨大的角来威慑对手。也就是说这些雄性动物在向雌性炫耀自己。比如，雄性食蜂鸟在给雌鸟送礼物时唱着独特的歌曲，跳着优美的舞蹈。春天时，食蜂鸟从非洲飞回来便开始求偶。雄鸟在雌鸟身旁坐一阵子，随后飞起来，抓起一只路过的昆虫，飞到高处，兴奋地抖抖展开的叉状尾巴，口中发出高声鸣叫。如果雌鸟全身倾向雄鸟，就是答应了雄鸟的求婚。

幼貘像其他哺乳动物一样出生后靠母乳喂养。之后幼貘和母貘一起觅食，幼貘长大后学会足够的技能就开始了独立生活。

你知道吗？

随着生物的发育，其身体形态也发生变化。比如人类胚胎早期有鳃裂和尾巴。（发育中的昆虫化蛹完全变态。在这个阶段，转变为成虫。）青蛙的幼体——蝌蚪，用鳃呼吸，只能生活在水中。

60

毛毛虫没有翅膀，是蝴蝶或飞蛾的幼虫。毛毛虫长长的身体上长着短粗的腿。毛毛虫通常以植物为食，与周围环境融为一体，但有些却相反，身体颜色鲜艳而多毛。

群居

群居的动物通常共同承担着养育后代的重任。当幼狮的双亲不在时，其他母狮会承担照顾幼狮的责任。海豚围绕着生产的雌海豚，帮助护送新生的海豚浮出水面。企鹅和其他海鸟常常同时在巨大的繁殖地筑巢，而蚂蚁则共同照顾幼虫。

灰喜鹊家族

繁殖

动物有很多种繁殖方式，可以分为两大类：大多数动物需要通过两性交配繁殖后代，而有些物种则可以无性繁殖。无性繁殖的一个例子就是出芽生殖，一些刺细胞动物就是无性繁殖后代。而另一种生物——蚜虫，在某些情况下不需要两性交配就能在雌性体内繁殖后代。有性繁殖的受精卵有的像哺乳动物一样在母体内发育，有的则像鱼类在体外发育生长。

乌龟蛋由一层坚韧的外壳包裹，蛋清可以防止胚胎内部脱水。

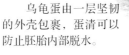

什么是变态？

动物在发育过程中体积会不断增大，外表也随之变化。其中有些动物，主要是无脊椎动物，在这一过程中身体形态及外在样貌会发生惊人的变化，这种剧烈变化的过程被称为变态。变态根据不同程度分为不完全变态和完全变态。

口孵繁殖的鱼类直到小鱼不再需要照顾之后才会进食。

小鳄鱼出生后会由父母照顾几个星期。虽然一窝小鳄鱼在一起生活，但它们会各自出去寻找蜘蛛、昆虫和其他小猎物。小鳄鱼们在生命的头几个星期会面临无数危险。鱼鹰盘旋在天空威胁着它们的安全，而尼罗河鳄在陆地上对它们虎视眈眈。一旦它们遇到危险，小鳄鱼就会高声呼救。

完美的父母

数百万年来，鳄鱼不仅成为狩猎技术精湛的猎人，也是非常好的父母。雌性鳄鱼通常会在岸边挖坑，在坑中产下30至70个蛋，然后把它们埋起来，在11至14周时间内保护巢穴，以免它们被巨蜥、鬣狗和鹳鸟偷食。在孵化期间，母鳄鱼几乎不进食，只在饮水的时候离开片刻。当第一只小鳄鱼发出叫声，母鳄鱼就打开巢穴，将体长30厘米的小鳄鱼含在口中带到水边。母鳄鱼会在岸边选择一个安静的地方作为自己育儿的场所。

第一次的经历

小熊在冬季出生，大约两岁时才离开母亲。在此期间，它们学习爬树、捕鱼、采蜜及其他寻找食物的方式和重要的技能来应对周围的环境。

帝企鹅父母在养育后代时都做出了自我牺牲。首先，雌性企鹅"辛苦"产蛋，然后由雄性企鹅接手孵化。在两三个月的时间里，雄企鹅一直用自己的身体维持企鹅蛋的温度，也不进食。在这段时间里，雌企鹅在海上觅食恢复体力。当企鹅蛋孵化时，雌企鹅返回养育后代，饥饿的雄企鹅便急忙到海上觅食恢复体力。

你知道吗？

鹤鸵的角质冠像一顶头盔，在茂密的森林里保护着它的头部。这种猛禽产蛋从来不会超过4个，孵化出的鹤鸵幼鸟之间常常互相争斗，最后只剩一只能存活下来。这种年幼的卵生哺乳动物靠母乳喂养。

产婆蟾绝不会留给天敌任何伤害自己后代的机会。雄蟾会将卵带缠绕于后背

鹤鸵是一种不会飞的鸟，栖息在澳大利亚和新几内亚的森林里。尚无自卫能力的鹤鸵幼鸟总是紧紧跟随在成年鹤鸵的身后。

鳄鱼的行为很不同寻常，它会看守在巢穴附近直到幼崽孵化。而母蝎子会将大量的小蝎子背在自己的背上。

玩耍

哺乳动物有一种典型行为就是喜爱玩耍。年幼的动物在玩耍过程中培养自己所需的生存技能，而成年动物则纯粹为了乐趣而玩耍。玩耍有助于将整个动物群体团结起来。当动物们都吃饱休息时，玩耍就成了一种消磨时光的好方式。

猫鼬们群居在一起，共同养育后代。当其他猫鼬进食的时候，会有一只猫鼬为它们站岗，以防危险降临。

存活率低的昆虫

有些生物，尤其是昆虫，一次产下大量幼虫却不精心养育它们，任凭它们听天由命，大部分幼虫会在很短的时间内死去。虽然这种繁殖方式成活率很低，但也大有益处。大量的昆虫形成了非常广泛的底层食物链，一直为动物群落提供生存基础。

蝴蝶通常会选择能够为后代提供充足食物的地方产卵。

猫非常注重保持清洁，总是定期对身体进行清理。

护理

野生的动物根本不能忍受自己的皮肤、羽毛或毛皮变脏，因为各种寄生虫会在污秽中繁殖，导致动物生病或死亡。这就是为什么动物每天要花很多时间梳理毛发、保持身体清洁。做完这些之后，它们才能够休息。然而，野生动物在户外休息时面临着巨大的风险。睡着的动物很容易被捕食，因此比较弱小、易受攻击的动物只能少睡。

羚羊从来不会完全睡熟，这样就降低了成为捕食者猎物的风险。而捕食者则不同。狮子、豹子和老虎等大型猫科动物可以在饱餐之后用三分之二的时间懒洋洋地躺着打盹儿。大多数食肉动物都以类似的方式来打发时间。

睡眠时间

最好的休息方式无疑就是躺下来。即使睡眠很少的有蹄动物也会躺下来休息。比如，长颈鹿睡觉时躺着，但大部分时间都高高地举着头。当过了20分钟陷入深度睡眠时，它们会蜷起长长的脖子，把头靠在尾巴上。

大象在躺下睡觉前先用周围的草和枝叶做成一个柔软的枕头和一张床。它们只睡两个半小时，因为如果长时间睡在一边，它们的内脏就会由于承受巨大的压力而受损。

有趣的是，几乎所有的动物都会在睡觉之前进行一个小小的仪式。对鸟类而言，铺好一张"床"，安顿下来，选择一种独特的睡姿栖息是它们永远都不会忘记做的事情。在睡觉前或醒来后打个哈欠也属于这个仪式的一部分。黑猩猩和红毛猩猩每天在树枝上为自己铺新床，这有助于防止感染及变脏。交错的树枝筑巢很舒适，为夜间休息提供了安全的床铺。

水下的睡眠

在鱼类中既有白天睡觉的鱼，也有晚上睡觉的鱼。有的鱼躺在海床上睡觉，有的则用垂直或倾斜的姿势睡觉。更多谨慎的物种隐藏在缝隙或厚厚的植被之中睡觉。睡眠消耗的时间可以持续几个小时到半天。

身体护理

灵长类动物会花上几个小时在毛皮中翻找寄生虫、污垢或是皮肤碎屑。而且几乎会将它们找到的所有东西都吃掉。但是还有一些身体部位它们自己看不见或是够不到，因此这些部位都必须由同伴帮忙检查。通常这些是由它们的好友或伴侣来做的。帮忙检查的同伴必须是它们完全信任的，因为在这种情况下它们毫无防备。互相梳理毛发不仅是灵长类动物的典型行为，在鸟类和其他哺乳动物之间也存在这种行为。

你知道吗？

一些鸟类，主要是乌鸦一类的鸟，喜欢停留在烟囱上。它们会弄乱自己的羽毛，让烟雾吹过羽毛。它们这种行为很可能是为了去除刺激性的寄生虫。

鸟类喜欢洗澡。有的喜欢用水洗，有的则喜欢用尘土洗。清洁时，它们会弄乱自己的羽毛，这样"清洁剂"就能尽可能地接触到身体表面。这听起来很奇怪，但沙浴能够很好地清理羽毛，因为鸟类剧烈摇晃身体时，羽毛上的寄生虫会与沙粒一起脱落。

帝王蝶是居住在北美大陆的一种迁徙物种。在寒冷的季节开始时，成千上万的帝王蝶聚集成群，开始漫长的旅程，前往墨西哥边境阳光明媚的南部地区。到了春天，它们就飞回原来居住的北部地区。尽管帝王蝶的翅膀斑纹颜色显眼，但它们很安全，因为它们吃起来味道不好，且由于大量飞行导致肌肉发达又不易嚼烂。对于爬行动物和鸟类来说，帝王蝶一点儿也不可口，它们甚至会厌恶地吐出来。

纪录

哺乳动物中迁徙距离最长的纪录是由灰鲸保持的，每年迁徙距离长达1万千米。在迁徙中，它离开了位于北极的家园，到达墨西哥湾，在那里它可以在理想的条件下产下幼鲸。

欧洲鳗鲡（mán lí）是迁徙时间最长的，要花两年半的时间才能到达产卵地马尾藻海。

迁徙

由于干旱、严寒、暑热的侵袭，食物供应减少或家庭的组建迫使许多动物离开自己的家园，寻找条件较好的地区定居。

大批迁徙的动物在旅途中会遇到许多危险。它们必须穿过河流和灌木丛，那里可能藏匿着捕食者，而湍急的河流也可能将它们卷走。鳄鱼、狮子、秃鹫、鬣狗及其他食肉动物都迫不及待地等着这个时机捕猎。在这个过程中，每群迁徙的动物都会损失数千。幸运的是，还有更多的幸存者，整个族群并不会面临灭绝的威胁。

许多鸟类在迁徙中都会结成一定的队形，飞在前方的鸟产生上升的气流，位于后方的鸟能够从中获得助力，因此可以减少体力消耗。作为领队的鸟飞行最为吃力，但整个鸟群轮流领队，所以没有一只鸟会因此感到疲惫。

候鸟

夏末或初秋的时候，候鸟开始为迁徙做准备，多吃食物，开始聚集成群。它们的本能会告诉它们要去的目的地，这种本能在幼鸟时期就已经被激发出来。它们能根据地球的磁场以及太阳或星星的位置来确定方位，这就取决于它们飞往目的地的时间是夜晚还是白天。

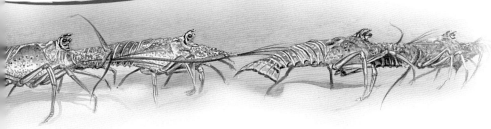

棘刺龙虾生活在地中海的岩石地区，长约40厘米。它们不时地进行迁徙，可能会持续几个星期，希望能找到一个气候更宜居的地方。它们在海底结队而行，为了避免掉队，每只龙虾都会抓着前面一只的尾巴。它们每小时最多能走1000米，如果参加计时比赛是没有胜算的，但是如果比合作和坚持的话还是值得奖赏的。

在冬天，没有虫子的时候，蝙蝠没有什么可吃的，因此一些蝙蝠就效仿候鸟，迁徙到气候温暖的地方。而大多数蝙蝠都留在原处，寻找一个安全的地方冬眠。它们将自己的翅膀折叠起来保暖，并聚集在一起，成群地悬挂在洞穴顶部。

三文鱼非常擅长游泳。它们出生在溪水或河流中，但生命中的大部分时间都是在大海中度过。几千千米的迁徙旅程对它们来说并不容易，常常逆流而上或是穿越湍流、瀑布。之后，它们回到出生的地方产卵。它们能够依靠气味来识别自己的家园。

跟随降雨迁徙

漫长的旱季使数百万食草动物开始寻找更加丰饶的草场。漫长的旅途和艰难险阻，对它们来说是一个严峻的考验，当生命的甘霖终于降临的时候，它们已经瘦弱不堪。雨水能够创造奇迹：干涸的土地日复一日地恢复了生机，为饥饿的动物带来了丰富的食物。但是乌云不会总停留在一个地方，而是每天向南移动20千米左右。因此，这群动物别无选择，只能跟随乌云移动，因为这是它们唯一的生存机会。

大规模迁徙

旅鼠总是在与数量过剩作斗争。每3至4年旅鼠的数量就会达到顶峰。到了这种时候，它们就大批地离开平时居住的家园，去寻找新的地方和食物。迁徙中的旅鼠会吃掉旅途中遇到的任何东西，甚至挖出植物根茎来吃。与此同时，还有一大批空中和地面上的捕食者随之而来，这都会使它们的数量锐减。

行军蚁是南美热带雨林中一个可怕的群体。这些行军蚁排成9米宽的队列，约有50万只，组成了捕猎大军。在队列前方和两侧排列的是上颚发达的兵蚁，而位于队伍中间的则是大量的工蚁。它们以每小时14至15米的速度匀速移动，能够摧毁路上遇到的一切活物。它们把猎物撕成碎片，前面的行军蚁把这些食物传递给队尾的行军蚁。

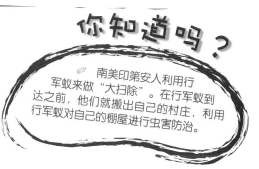

你知道吗？

南美印第安人利用行军蚁来做"大扫除"。在行军蚁到达之前，他们就搬出自己的村庄，利用行军蚁对自己的棚屋进行虫害防治。

栖息地

蛇类占据了雨林中的各个角落，树顶、地面、河流都能找到它们的身影。

绿树蟒，也被称为犬面蟒，原产于南美洲。这种蟒蛇没有毒性，但是能利用身体缠绕其他动物致其窒息而死。

纪录

热带雨林在许多方面都是纪录的保持者。热带雨林占地球上所有森林面积的三分之一，但却包含了世界植物总量的一半。热带雨林占大陆面积的7%，这里生存着地球上一半以上的物种，相当于10倍同等面积温带地区的树木种类（每公顷300种树木）。目前尚未有明确描述的物种中大多是热带昆虫。根据记录，在一棵树上就有950种甲虫。

层次分布

从雨林的底部向上可以分出几个不同的层次。森林地表的生存环境由腐烂的树枝、树叶、苔藓和菌类组成。由于日光难以穿透厚厚的枝叶，下层通常没有光照或是光线昏暗。下层植物只需较少的光照便可以生存。在较高的层次，树冠上相互缠绕的树枝形成了绵延不断的遮蔽物。猴子和鸟类共同栖息在雨林的最顶层，而中间的层次生存着许多蟒类和大型猫科动物，还有许多动物在这两个层次之间往来。

热带雨林

热带雨林位于各大洲的赤道地区。在这里没有四季之分，只有持续的高温和频繁的降雨，为生物提供了非常有利的生存条件。生存在这些地区的物种数量多得几乎令人难以置信。即使对科学家来说，这里的许多物种也是未知的。树木能长到40至50米高，最高的树木长着能够支撑自身的拱根。

长着条状花纹的亚洲大型猫科动物——东北虎能够在任何地方生存，无论是苔原还是热带雨林。但是现在为了保证它们能够生存下来，人们建立了许多保护区。

你知道吗？

热带雨林被称为"地球之肺"。热带雨林厚厚的植被能产生大量的氧气，吸收空气中大量的二氧化碳。不幸的是，如今每一分钟内就有一片足球场大小的丛林被破坏。霍加狓几百万年以来几乎没有任何变化，因此被称为"活化石"。

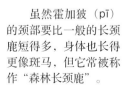

热带地区生长着许多种类的水果、药草和香料，其中也包括可可树，可可树结出的果实叫可可豆，是巧克力的主要成分。

虽然霍加狓（pī）的颈部要比一般的长颈鹿短得多，身体也长得更像斑马，但它常被称作"森林长颈鹿"。

水量充沛的河流

　　频繁的降雨形成了巨大的河流，如南美洲的亚马孙河、非洲的刚果河及其无数的支流。这些河流中栖息着鳄鱼、海龟、青蛙和许多鱼类。很长一段时间，人们唯一可以穿越茂密丛林的途径就是通过河流。

　　丛林的破坏和狩猎活动已经导致一大批动植物物种灭绝或濒临灭绝。动物的生存受到了威胁，其中就包括大猩猩和老虎。

各类森林

　　不同大洲的热带森林各不相同。许多种类的树木与茂密的矮树丛生长在一起，被称为丛林。这些矮树丛由竹类、藤本植物和草组成。如果森林中大多是桉树，而且有考拉在枝头活动，那么你一定是置身于澳大利亚的热带雨林。红树林生长在河口三角洲地区或是沿着海岸的水域中。这些树能够适应沼泽环境。在赤道附近的热带雨林中生长着可可树、橡胶树、棕榈树及香蕉树。

红树林植物

　　鹮（huán）类在河口和红树林沼泽地区寻找食物，用它们特有的弯弯的长喙捕捉隐藏在泥土中的小型甲壳类动物，以及软体动物和小鱼。鹮类成对地在水面上方的树梢或树枝上筑巢，它们一般会聚集在群落中筑巢。

71

金合欢是热带草原上最常见的树木。其伞状树冠形成了独特的景观。金合欢为大量的动物提供了食物。猴子吃花，成千上万的昆虫和鸟类则以花蜜为食。为了保护自己的叶子，金合欢的树枝上长着刺，但长颈鹿还是会以此为食。

草原

草原是马的原始栖息地

草原形成于温带地区，降雨量较少，无法为森林的生长提供充足的水源。这些草原地区在欧亚大陆被称为斯特帕（欧亚草原），在北美被称为普列利（北美草原），在南美被称为潘帕斯（南美草原）。热带地区也有广阔的草原，这些热带草原的景观会随着一年之中降雨量的变化而变化。

20世纪初，美国野牛险些灭绝，因为美国移民几乎杀光了这些大型食草动物。

普列利草原、斯特帕草原、潘帕斯草原

在这些草原地区，树木无法存活，因此植被主要由禾草和苔草组成。这些植物有两个休眠期：冰冷的冬天以及干旱的夏末。在湿度较大的地方，草长得更高，而在最干燥的地区，草长得低矮，通常只能覆盖部分地面。很久以前，野马在斯特帕草原上漫步，野牛则在普列利草原上觅食。

你知道吗？

✑ 美洲鸵鸟能够和骏马跑得一样快。

✑ 换季的时候，热带稀树草原上的食草动物会迁徙至遥远的新牧场。

美洲鸵鸟喜欢和草原鹿、羊驼一起生活在山丘和平原地区，那里有充足的水和食物。这种鸵鸟喜结群，一般为1只雄鸟和5至7只雌鸟，共同捍卫自己的领地。它们生性友好，很容易被驯服，喜欢与马、牛相处。美洲鸵鸟为了激怒攻击者，不仅会快速奔跑，还会控制双翼突然变换方向或侧向移动。它们悠闲漫步的时候步距约1米，而被追击的时候能一步跨出1.5米。它的羽毛看起来乱蓬蓬的，因为缺少被称为羽纤支的细小钩状毛发。

波巴布树又叫"猴面包树"，零星地散布在热带草原上。巨大的树干形状像瓶子似的，直径能达到10米。它们将雨季吸收的水分贮存在树干和膨胀的树枝中。它们结出的果实很大，营养又丰富，可供食用。

草是一种顽强的植物，能够适应酷热的阳光以及周期性的干旱，即使定期放牧或修剪也不会死亡，能够不断长出新的叶子。

热带雨林的感受

西非热带雨林周围是热带草原，交替变换的旱季和雨季决定了当地的气候。由于周期性的干旱，热带雨林的茂密植被无法在这里茁壮成长。地面被不同高度的草覆盖，伞状的树木则在各处零星生长，猴面包树就是其中一种，树龄大的长着像教堂塔楼一样粗的树干。茫茫草海是数量众多的大型食草动物的家园，远远地能听到狮子的吼叫声……

什么季节体现了热带草原的特征？

在热带草原，长短不同的旱季和雨季交替出现。

非洲水牛为白鹭提供了舒适的栖息处和出行便利，作为回报，白鹭帮助它们清除寄生虫。

73

纳马夸沙鸡

这类鸟以种子为食，因此它们一直定居在沙漠中近期有降雨的地方，花期较短、开花较快的植物能够为它们提供充足的成熟种子。对于年幼的、不会飞的雏鸡来说，有水的地方太远了，因此它的父亲会飞过去帮它取水。雄性沙鸡浸湿身体上类似海绵能够吸水的部分，比如胸部的羽毛等，再飞回巢穴，雏鸡从羽毛中吸取水分。

沙漠

赤道地区的空气由于温度高而不断上升，空气中的水蒸气以降雨的形式落在热带雨林。这样气流就失去了湿度，向南北两个方向下降约1500千米，使沙漠常年维持干燥。在这些地区，降雨极为罕见。由于完全没有云层，白天地表不受阻碍地吸收阳光，而夜晚地表散发热量也不受阻挡，因此晚上非常寒冷。在这种情况下，只有具有某些特质的耐受性生物才能够存活。

沙漠之花

在一些沙漠地区，数百万的种子隐藏在沙石间等待着降雨。当降雨结束乌云消散时，种子迅速发芽开花，几天的时间地面就会铺上一层鲜花地毯。植物很快结出种子，一旦地面再次完全干燥，它们就会枯萎。虽然它们留下了种子，但可能要等上几年才能再次降雨。

姬鸮

这种体形娇小的猫头鹰栖居在巨大的仙人掌上。仙人掌上有啄木鸟啄开的洞，姬鸮白天就躲在洞中纳凉，晚上才出来捕食昆虫、沙漠蜘蛛和蝎子。

你知道吗？

- 在美国的沙漠中，仙人掌长着厚厚的无叶茎，上面长着刺，能够储存水分以应对干旱环境。
- 在非洲，一些大戟科的有花植物也以同样的方式适应了缺水的环境，其中有些长得就像仙人掌。

巨柱仙人掌可以长到15米高，生长在北美的东南部和墨西哥，这些地区的年降雨量很少。但这对仙人掌来说不是问题，因为它能够在茎干中储存数吨的水分。

在沙漠栖息的拟步甲长着专门适应沙漠环境的鞘翅，外壳上覆盖着蜡状的憎水物质，便于收集清晨的露珠。收集的露水顺着身体流入它的口中，即使没有降雨也能提供足量的饮用水。

什么是沙漠玫瑰石？
这是一种在沙漠中形成的晶体，因形状类似石化的玫瑰而得名。

亚利桑那大毒蜥

大毒蜥是世界上两类毒蜥蜴之一。它的显著特征就是皮肤上独特的黑黄图案。它不像蛇类从牙齿分泌出毒液。它的毒液是由唾液腺分泌的，当大毒蜥将猎物牢牢咬住的时候，毒液就会渗入伤口。

骆驼极耐饥渴，能够长时间在沙漠中不饮水。它只有排尿时才流失少量水分，它的粪便很干燥，可以点燃。骆驼几乎不出汗，它硕大鼻孔的内侧表面能够保留呼吸中的水分。骆驼将脂肪作为营养贮存在驼峰中。在穿越沙漠的商路上，没有比骆驼更合适的运输工具了。

当金琥仙人球完全长成时，直径可以达到1米，重达几千克。像所有的仙人掌一样，它的根系在接近地表的土层中延伸，能够在短时间内将大量的水分吸收到球体内。

沙漠里的沙子

沙子是非常小的石头碎片，被风吹到一起聚集成沙丘。沙漠不一定都是沙质的，也可以由石头、砾石和黏土组成。

阿拉伯羚羊

这种羚羊是在沙漠栖息的少数大型动物之一。扁平的蹄子使它更容易在沙漠上行走，寻找稀疏的植被。尽管它的白色皮毛能够反射酷热的阳光，但它更愿意在最热的时候躲在灌木丛的阴影下。

北美豪猪

北美豪猪会彻底地榨干自己所居住的宿主树，它们不停地啃咬宿主树，几乎把树皮啃光。豪猪的外表令人惊奇：身上尖锐的刺隐藏在毛发中，一直延伸到尾巴的末端。雄性豪猪在争夺雌性伴侣的时候互相用尾巴攻击对方。

没有树木的森林？

你可能会想，这是什么问题？森林不就是由树木组成的吗？然而，属于禾本科植物的竹子虽然不是树，但却形成了巨大的森林。

森林

无论你是在北部还是南部，在山区或平原，在海滨或内陆，你都会见到不同类型的森林。这些森林的共同点就是它们全都是某些特定植物和动物的家园，这些动植物都扮演着自己的角色，并且常以复杂的方式相互关联。

树木之王

即使是像图中英国橡树这样巨大的树木，也是由一颗小橡子长成的。一粒种子掉落在土地上，可能是由风吹来的，或者是从翠鸟的口中掉下来的，也可能是徒步旅行的人掉落的。种子，也就是我们这里提到的橡子，开始发芽。它坚硬的外壳裂开，小小的根部将未来的参天大树固定在地上，为它延续三四百年的生命提供了基础。当然，不仅如此，土壤对于树木至关重要，为其生存提供了保障。正如印第安人乌鸦部族的谚语所指出的那样，树木向着天空长得越高，根就向地下扎得越深。

美洲狮

美洲狮，也被称为银狮，在平地和山区森林中都生活得很好。美洲狮的速度很快，能够追上一只受惊的动物，然后猛扑向它。如果有必要的话，它会爬到树上捕获猎物。美洲狮能够在夜间捕猎。

你知道吗？

✍ 相比落叶树，松树能够更好地应对寒风凛冽的气候，并且可以在贫瘠的土壤中生存。每年的季节更替和天气变化可以通过树木的年轮确认。

接骨木　　黑刺李　　七叶树

温带落叶林中的许多树木和灌木丛都会结出果实。在秋冬季节，这些果实对于动物来说非常宝贵。

树木可以根据树叶、树皮和果实进行区分。

橡树　　白桦　　枫树

冠层

森林冠层为许多动物提供了庇护、食物以及筑巢的地方。几个不同种类的鸟类能够在同一棵古树上筑巢，而相同种类的鸟却不能。同类的鸟彼此排斥，因为它们对于筑巢地点、食物，甚至伴侣的需求都是相同的。科学上把这种现象称为竞争排斥原则，简单来说就是"一山不容二虎"。

松树含有树脂的深绿色松针可以抵御寒冷，也能够充分利用短暂夏季的明媚阳光。

野火可以将大面积的森林烧毁，赶跑或害死居住在其中的动物。

一些种子（例如帝王花）具有耐火的外壳，能够经受住火焰灼烧，而且高温确实能够促使一些针叶树的种子发芽。

树干层

除了蚯蚓和千足虫等少数例外，动物的活动范围很难局限在同一层次。通常许多物种在不同的层次捕食、筑巢、休息。在日常的活动中，它们不经意间将不同层次联系到了一起。仅仅出于科学研究的目的，我们才将一个整体分为不同的层次。

狼獾，也称貂熊，是包括黄鼠狼、水獭、獾等在内的食肉哺乳动物中体形最大的，以浆果、昆虫、小型哺乳动物为食。但是，到了冬天，狼獾也会捕杀鹿，因为鹿的蹄子比较尖，一旦陷入厚厚的积雪中就无法迅速逃脱。而狼獾足部较宽且多毛，便于在雪地上奔跑。

根部

土壤本身只是由许多无生命的矿物质碎片组成，但是土壤中的无数微生物、动物、植物、真菌和细菌赋予其生命力。你知道吗？在同样一平方米的面积上，地下比地上生存着更多生物。

山顶附近的植被多为矮树，例如岗松，还有抗寒、低矮的植物，如苔藓和地衣。

为了避寒，柳松鸡会钻进雪中藏起来。

严寒地区

极地地区、海拔数千米的高山以及寒冬季节都是动物面临的重大挑战，只有少数物种能够在这种恶劣的条件下生存下去。然而，生存在这些地区的"居民"不仅要忍受几个月的严寒，还要在这个时期生育后代。聪明一些的物种会捡食其他动物捕杀的猎物。

荒凉的山峰

当你爬山的时候，爬得越高，周围的气温就越低，动植物种类也会随之变化。海拔超过2000米就看不到高大的树木了，都是低矮的植物种类。在最高峰附近，周围都光秃秃的，只有大雨、大雪或是强风。生活在这里的动物不仅面临恶劣的环境，而且还缺乏食物。因此，只有最能适应环境、最顽强的生物才能够永久居住在这里，例如羱羊、雪羊、野牦牛、雪豹和安第斯秃鹰等。

你知道吗？

- 驯鹿在欧亚和北美的叫法不同。
- 海象是成群聚居在一起的。它们依靠硬髭和獠牙从海床获取食物，然后上岸热身。

环斑海豹全年都在海里寻找食物。如果它上方的水面结了冰，它就将头部顶在冰上，开始旋转，直到钻出一个孔，就像开瓶器一样。但当它蹿出水面呼吸时，很容易被北极熊抓住。

在冬季，极地地区的居民要经历-50℃至-70℃的低温、短暂的白昼和漫长的夜晚、长期冻结的地面、刺骨的寒风和暴风雪等各种挑战。

为了适应栖息地的严峻条件，北极狐和北极熊隔热的皮毛下长着一层厚厚的脂肪。

冻土层表面以下是延伸的冰层。到了夏季，冰块融化，形成了许多小湖泊。

酷寒

在寒冷的季节来临之前，有些动物便迁徙到了气候更适宜的地区。另一方面，为了度过这个艰难的时期，长期栖息在这里的动物全都开始用自己的方式为越冬做准备。虽然食物来源很丰富，但是为了更好地越冬，它们仍会提前吃下很多食物，为之后做好储备。松鼠会储存食物，熊会寻找合适的洞穴，青蛙会在地上挖洞，白鼬会改变毛色，食虫鸟则改以种子为食。尽管许多动物都做好了万全的准备，但对于它们来说寒冷的冬季仍然是致命的。

雪羊不会担忧寒冷的环境或地形。它们的蹄子表面很特殊，能够抓住山腰上陡峭的岩石。

为了应对气温的变化，北极兔会改变自身的毛色，隐藏自己。

海象用它的长牙做什么？

除了获取食物之外，海象还使用长牙作为冰镐在冰面上凿出通气孔，便于爬出水面，同时长牙也能作为攻击对手或自卫的武器。

驯鹿是苔原上最大的食草动物。雄性驯鹿的两个平滑的冠状鹿角之间的距离可以达到两米。它们喜欢水生植物，所以驯鹿把头浸在水面下，在泰加林的沼泽地吃草并不是罕见的景象。

到了冬季，雄性驯鹿虽然失去了鹿角，但仍可以用其有力的蹄子逼退群狼。

鼩鼱长得像老鼠，鼻子很尖，通常居住在水边。有些种类的鼩鼱唾液有毒，被它们咬到可能致命。

水域附近

陆生动物中一些特定的族群已经能够适应水边的生活方式。有些动物在两种环境中生活都如鱼得水，而另一些动物适合生活在水中，在陆地上却有些笨拙。还有些动物只在水中繁殖或只在生命中的特定阶段生活在水中。

海滨

大陆和岛屿被大海包围，以遍布沙子和岩石的海岸线为界。居住在这片区域的动物必须要有能力适应每天的潮起潮落。鸟类把巢穴搭建在岩石上，而软体动物则藏身在沟壑或洞穴里。涨潮把甲壳类动物、水母、海星或海胆冲上岸边，当海水退去时，它们便成了别的动物的猎物。

沼泽和湿地

在湖泊淤积、河口湾或曾被冰层覆盖的地区渐渐形成了沼泽和湿地。在沼泽和湿地的浅水区域，水生植物茁壮生长，为丰富的动物种群提供了生存的家园。

肉垂水雉是一种涉禽，能够在漂浮的植物上行走。它拥有长长的脚趾，也能扇动翅膀在空中飞行，因此能够在水生植物的叶片上行走或奔跑。它生活在热带湖，以这里的动植物为食。

你知道吗？

📖 发育完全的蜉蝣在交配后死亡，结束仅仅一天的生命。它们在孵化后成群结队地飞行，景象非常壮观。

📖 海龟从水中获取食物，但是在沙滩上产卵。

短腿长嘴的鸟类沿着海岸在泥土中寻找虫子为食。在较深的水域，可以见到长着细长腿、长颈和长喙的涉水鸟，而长着蹼足的鸟类，如鸭子和天鹅，更喜欢浮在水面上游泳，在水面或潜入水中捕食。

亲水的昆虫

蚊子以血为食，却只在适合产卵的大片水域表面大量繁殖。蜻蜓和蜉蝣的幼虫在水中生存，而成虫在空中飞行。

大多数的猫只有在无法避免的情况下才会下水。与此相反，钓鱼猫则不会听天由命，而是随时准备钻入水中捕捉猎物。

淡水

地下泉水涌入溪流，再汇聚成河流。地面上的深坑形成了湖泊。淡水为生存在其中的大量动物提供了食物，也养育了许多陆生动物。

海雀的巢穴建在冰冷的海岸边，通常位于聚集着几百万鸟类的群落中。它们从大海中获取猎物。

漂泊信天翁拥有巨大的羽翼，翼展达3~4米，不用长时间拍动羽翼就能够在空中滑翔。由于消化迅速，它必须不停地捕鱼果腹。雄性和雌性漂泊信天翁轮流孵化鸟蛋。

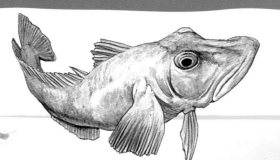

银鱼是一种非常酷的鱼类：它不主动捕食，而是张着嘴等着猎物"自愿"游到它面前。

独角鲸居住在冰冷的北部海域。它通常潜入深350米的海中捕食甲壳类动物、鱼类或乌贼。它明显的特征就是从上颌长出的像剑一样的长牙。雄性独角鲸的长牙能达到3米长。

海洋生物

地球表面的大部分区域被海洋覆盖，自从地球上出现生命开始，就为不计其数的动植物提供了赖以生存的家园。正如在陆地上一样，海洋中的温度、光照及其他环境条件也各不相同，典型的水生生境也依赖这些因素而发生变化，比如深海、海岸线沿岸、海水表面或珊瑚礁表面等。

改变条件

在广阔的海洋中，生物必须同洋流奋战，而在深海中，还要面临黑暗、高压和食物匮乏的危险。相比之下，浅水和沿海的生活就像天堂，藻类、海带和鱼类吸引着大型食肉动物和海洋哺乳动物。

无论在海水中泡多久，海獭的皮毛都不会被浸透。海獭为了最喜爱的食物双壳类动物会潜入深水中，捕获食物后会仰着躺在水面上，把食物放在自己的腹部，用一块扁平的石头敲碎猎物的外壳。

鲸和海豚虽然看起来像鱼类，但实际上是适应了水生生活方式的海洋哺乳动物。它们的腿进化成了鳍或者逐渐消失，它们生养幼崽，哺育乳汁，体温恒定。海洋哺乳动物包括海象、海豹、海牛等。

你知道吗？

海胆的牙齿围绕着口腔长了一圈，由于它的形状，被人们称作亚里士多德提灯（咀嚼器）。

海胆体形对称，主要以藻类为食，靠身体下方的口腔吞噬食物。海胆既依靠管足运动，又依靠它呼吸。

你知道吗？

🖋 最著名的珊瑚礁是澳大利亚海岸的大堡礁，长达2400千米。环形的珊瑚礁被称作环礁。

由于视力不佳，海鳗通常依靠敏锐的嗅觉捕食。海鳗一天中有部分时间会躲在自己的洞穴中。

珊瑚礁

珊瑚喜爱光线好的温水水域，因此更容易在太平洋或印度洋发现它们。有些珊瑚如软珊瑚并不是自己直接造礁，而是生长在礁石底部或附着在礁石表面。"建造者"制造出大量珊瑚礁，为许多海洋生物提供了居所和庇护。珊瑚礁实际是由微小海洋生物的碳酸钙外壳聚集在一起形成的。

海蛇生活在印度洋和太平洋，它们绝不是无害的。它们的毒液是爬行动物中毒性最强的，因此鲨鱼之类的动物误把它们当作猎物而被咬上一口，就可能毙命。

深海居民

由于深海缺乏光照，长期处于黑暗中，而且温度低、压力大，很长一段时间科学家都认为深海中是没有生命存在的。然而，他们的判断是错误的。深海的水温是4℃，与北极的水温相比并不低，而内外部的压力也刚好相抵。生物残骸从浅海沉入深海，弥补了海底植物的匮乏，而鱼类具有发光器官和锋利的牙齿能够吸引并捕获猎物。

深海鱼类懂得很多伎俩。神仙鱼在嘴的前方发出看起来像虫子的光作为诱饵捕获其他鱼类。而三脚架鱼靠着三个鳍支撑着在海床上移动。

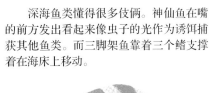

神仙鱼

三脚架鱼

在岩石上行走

对于居住在亚洲高山地区的人来说，骆驼、家牦牛是不可或缺的帮手，可供人们役使或骑乘。它们善于应对寒冷的天气，可以在冰雪覆盖的岩石上稳步行走。这些能力使它们在海拔2千米以上的地区成为最重要的驯养动物。它们的乳汁可以饮用，晾干的粪便可以生火，而皮毛可以用来做衣服。

与人共处

有些动物你只能在动物园里见到，这些动物在原本的栖息地被驯养。它们的技能、力量和特殊的适应能力意味着它们已经被人们"使用"了很长时间，比如擅长负重、完成繁重的工作，甚至参加战斗。在许多地方，它们与人们一同劳作，甚至一同做运动。

猴子采摘者

由于了解猴类擅长爬树的特性，因此人们训练狒狒和南方豚尾猕猴来采摘椰子也就不足为奇。这些种类的猴子擅长辨别水果的生熟。唯一比较麻烦的是猴子是很情绪化的动物，如果它们心情不好就会罢工。

尽管骆驼在正常情况下行走缓慢，但它也是能够飞奔起来的。想想贝多因骆驼骑兵，骑着骆驼4天之内就能走上500千米。骆驼比赛主要在中东地区举办，在这种比赛中，体重小于10千克，年龄在3至8岁之间的儿童被绑在鞍座上，骑着骆驼参赛。每轮比赛都有大量骆驼参加，导致发生许多坠落事故或其他严重事故。

你知道吗？

在北部地区，驯鹿是一种具有利用价值的动物，人们用它们拉雪橇、骑乘或载物。传说在芬兰，驯鹿拉着雪橇在天上飞奔，激动人心的驯鹿比赛就在这里举办。其中有一次，有只驯鹿仅用了2分26.90秒就跑完了2千米，赢得了比赛。这个速度比表现最棒的芬兰赛马还要快。

生命契约

大象从事伐木作业已有数百年之久，一直做着驮运木材这种最繁重的工作。它们是非常可靠又稳定的劳动力。被训练的大象都是从野生象群中捕获的幼崽。人们在训练它们的时候必须要有耐心，因为它们会终生牢记那些虐待过它们的人。一头受过虐待的大象是不会给施虐者第二次机会的。

犀鸟是一种非常友好的生物。它们常以自己的方式守护着主人，比如给主人衔来浆果作为礼物，为主人制造惊喜。

两米高的鸵鸟能够很轻松地驮起一个成年人。鸵鸟赛跑通常在南非和加利福尼亚州举办，这些鸵鸟赛跑时背上都驮着骑手，类似赛马。尽管鸵鸟的背上装了鞍座，但骑手还是很难稳坐在上面。鸵鸟赛跑时，骑手控制着鸵鸟，后面拉着带扫把的轻型推车。

沙漠之舟

骆驼不仅擅长驮运物资，也是非常好的骑乘工具。骆驼既可以承受白天50～60℃的酷热天气，也能禁得住夜晚达到冰点的严寒。它们能够靠着胃里贮存的水和驼峰保存的脂肪，在荒无人烟又没有食物和水的地方连续走上几天。它们还有一种特殊的能力，那就是无论沙丘如何变化，它们总能找到回家的路。

由于羽毛非常华丽，孔雀被人们当作宠物豢养。但是在过去，孔雀只是在特殊节日里可以拿出手的佳肴。

野鸭可能最早出现在亚洲的中国，距今已有3000多年。现在的家鸭就起源于野鸭。然而在古代埃及人们就已经开始养鸭了。除了鸭肉和鸭蛋，鸭毛也为人类所用。

宠物

人类最初驯养动物是为了利用它们的体力、技能或获取肉类，正是这些原因使它们顺利存活了下来。犬类是几千年前最早被驯化的动物，最初用来保护人类、帮助人类捕猎。

雪橇犬

现今在北部冰原，莱卡犬、爱斯基摩犬和哈士奇仍旧是人类最好的帮手。狗拉的雪橇不仅是北部人最喜爱的交通工具，也为极地研究人员提供了便利。这些雪橇犬在拉雪橇比赛中一天能跑100千米，时速可达20至40千米。

现在家养的山羊起源于野山羊，是最早被驯化的动物之一。早自古代东方，后至整个世界，山羊都备受青睐，它的肉、奶可以食用，毛皮能用来取暖，而且它的负重能力也很强。

家牛这个物种最早是在6000至7000年前发现的。最初人们养牛是为了获取牛肉和牛皮，后来家牛才升级成为"雇佣劳动力"和"牛奶生产者"。人们认为现在的家牛起源于一种古老的野牛，即欧洲野牛，这种野牛曾出现在欧洲、亚洲和美洲。

家鸡的祖先可能就是原鸡，公元前3000年被亚洲的印度人驯化。人类养鸡主要为了获取鸡蛋和鸡肉，但为了参加斗鸡比赛、打鸣报时，人们也把鸡当作宠物饲养。

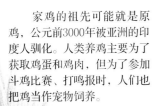

你知道吗？

自古以来，许多神话故事都与鸡蛋有关。在许多民间神话传说中，鸡蛋代表着天地万物和生育繁殖，在基督教中则代表复活重生。

不朽的毛驴

人们需要可以干活儿的牲口，毛驴就成了最早被驯化的动物之一，它是由中东的野驴驯化而来的。这种动物原本生活在沙漠或草原，经人类驯化后，成为很棒的负重工具。毛驴对生存环境的要求不高，因此很快就繁衍开来。驴奶被认为具有神奇的功效。传说埃及艳后克里奥佩特拉就是用驴奶沐浴来保持美貌的。

人们最初养马是为了获取马肉和马奶。马很可能最早由亚洲大草原上生活的人们驯化。在漫长的战争年代，人们无法想象没有马匹的生活。在欧洲东部生活的人，比如马扎尔人，最擅长养马和骑马。它们驯化出的野马英勇善战，整个欧洲都害怕它们骑马突袭。而在中世纪欧洲以外的地方，马被用来拉战车、载骑士，之后几百年马成为了轻骑兵的坐骑。

家猪是野猪驯化的后代，在人类餐桌上的历史已有6000至8000年了。猪的嗅觉非常灵敏，在有些地方，猪被用于寻找松露，甚至是稽查毒品。

动物界当之无愧的冠军

- 世界上最大的动物是蓝鲸，重达160吨，长达33.5米。
- 世界上最大的陆生动物是大象，重约7吨，高达4.5米。
- 猎豹是跑得最快的动物，时速高达120千米。
- 叉角羚是动物中的长跑冠军，时速达88千米。
- 神仙鱼是游得最快的鱼，短时间内爆发力强，能达到时速90千米。
- 游隼是俯冲速度最快的鸟类，时速高达350千米。

鸟 类

- 体形最大的水禽是帝企鹅，高1.2米，重42.6千克。
- 体形最大的飞禽是信天翁，翼展达3.5米。
- 体形最大的猛禽是安第斯神鹫，重9至11千克，翼展达3.5米。
- 体重最大的飞禽是灰颈鹭鸨，重达19千克。
- 数量最多的鸟类是奎利亚雀，原产于非洲，数量多达100亿。
- 飞得最高的飞禽包括黄嘴山鸦、胡兀鹫和大天鹅。
- 叫声最响亮的鸟类是雄孔雀，而最安静的鸟类是旋木雀。
- 北鲣（jiān）鸟和鸬鹚是拥有最大群落的鸟类，每个群落约有1000万只。
- 速度最快的走禽是鸵鸟，奔跑速度能达到每小时72千米。

爬行动物与两栖动物

- 爬行最快的蛇是黑曼巴，在短距离内的爬行速度可达到25千米/时。在加速的时候，它会用舌头发出嘶嘶声，昂起头，立起半个身体。
- 海蛇的最高速度是1米/秒。
- 体形最小的是钩盲蛇（1至1.3厘米）和壁虎（1.6厘米）。
- 尽管海蛇潜水能力不足（100米），但它能够在水下连续待上5个小时。
- 长1.2米的加蓬蝰蛇拥有最长的毒牙（3厘米）。
- 海蛇的毒液毒性最强，比陆地上同类的毒性强100倍。
- 体形最大的蛙类是巨蛙，重3.5千克。

节肢动物

- 雄蝉的叫声在400米外都能听到。
- 最古老的有翅昆虫化石（蟑螂）距今已有3亿年之久。它的后代仍然活跃在地球上，速度能达到30厘米/秒。
- 最大的白蚁丘是在澳大利亚发现的，宽31米、高6.1米。最高的白蚁丘是由非洲白蚁筑成的，高达12.8米。
- 最重的飞行昆虫是非洲的花金龟科大甲虫，重100克。
- 体形最大的蟹类是甘氏巨螯蟹，直径可达3.5米。
- 最长的昆虫是26厘米长的竹节虫。

鱼 类

- 翻车鱼是产卵最多的鱼类，产卵量约3亿。这种鱼可长至3米长，4.26米高。
- 欧洲鳗鲡（mán lí）每年迁徙能游7500千米。

哺乳动物

- 无尾猬原产于马达加斯加，生育能力最强，一窝的数量高达33只。
- 大黄蜂蝙蝠是最小的飞行哺乳动物，通常重2克，长3～3.3厘米。鼩鼱的体重在1.5～2.5克之间，体长加上尾巴的长度可达6-8厘米。
- 速度最快的水生哺乳动物是海豚科动物（港湾鼠海豚和虎鲸），时速高达50千米。
- 跳得最远的动物是红袋鼠，约13米。
- 跳得最高的动物是海豚，约7米。
- 体积最大的灵长类动物是山地大猩猩，高1.8米，重200千克。
- 体积最大的陆生食肉动物是北极熊，重400～500千克。

你知道吗？

- 蓝鲸的舌头与幼象一样重
- 非洲大蜗牛重达900克
- 世界上只剩不到70只爪哇犀，而袋狼可能已经灭绝
- 疟蚊对人类的威胁最大，半数由疾病导致的死亡都与疟蚊有关

寿命最长的动物

（可达到的最高年龄）

斑点楔齿蜥——100年
加拉帕戈斯象龟——120年
虎鲸——90年
海葵——80年
鳗鱼——80年
大象——75年
安第斯神鹫——70年
短吻鳄——60年
红毛猩猩——50年
南方皇家信天翁——50年
蓝鲸——45年
蟒蛇——40年
吉丁虫——35年

寿命最短的动物

部分细菌——20分钟
蜉蝣——最长1天
水蚤——7天
果蝇——2周
家蝇——3周

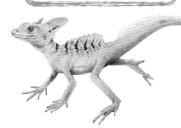

1 麋鹿
2 黑熊
3 驯鹿
4 北极狐
5 海象
6 山猫
7 水獭
8 白头鹰
9 狼
10 浣熊
11 海狸
12 灰熊
13 野牛
14 狼獾
15 獾
16 海狮
17 美洲狮
18 火烈鸟
19 虎鲸
20 白鳍鲨
21 蜂鸟
22 犰狳
23 树懒
24 吼猴
25 绿蠵龟
26 安地斯秃鹰
27 美洲豹
28 鹦鹉
29 宽吻海豚
30 美洲驼
31 鬃狼
32 漂泊信天翁
33 王企鹅
34 跳岩企鹅
35 短吻海豚
36 蓝鲸
37 座头鲸
38 弓头鲸
39 北极熊
40 竖琴海豹
41 海雀
42 海燕
43 鹳
44 岩羚羊

45 海角鹦鹉
46 马鹿
47 松鼠
48 野猪
49 金雕
50 燕鸥
51 旅鼠
52 狍
53 高鼻羚羊
54 棕熊
55 髯海豹
56 雪鸮
57 努比亚羱羊
58 亚洲黑熊
59 雪豹
60 亚洲象
61 眼镜蛇
62 犀牛
63 孟加拉虎
64 小熊猫
65 东北虎
66 北极野兔
67 大熊猫
68 貘
69 果蝠
70 狒狒
71 猩猩
72 长鼻猴
73 抹香鲸
74 儒艮
75 袋鼠
76 鸸鹋
77 鸭嘴兽
78 考拉
79 大青鲨
80 蝙蝠
81 环尾狐猴

82 犀牛
83 弯角剑羚
84 河马
85 耳廓狐
86 大猩猩
87 非洲水牛
88 斑马
89 疣猪
90 非洲象
91 猎豹
92 鸵鸟
93 鬣狗
94 长颈鹿
95 秃鹫
96 狮子
97 象海豹
98 帝企鹅
99 海狗
100 豹形海豹
101 阿德利企鹅

d

针叶林及北极地区

针叶林地区
气候带：温带
年平均气温：0℃
年降水量：300～600毫米
土壤类型：酸性灰壤

苔原地区
气候带：极地
年平均气温：0℃以下
年降水量：200～400毫米
土壤类型：冻土

落叶林地区
气候带：温带
年平均气温：10℃
年降水量：500毫米以上
土壤类型：褐色森林土

热带雨林地区
气候带：热带
年平均气温：25～27℃
年降水量：1500～5000毫米
土壤类型：砖红壤

热带草原地区
气候带：热带
年平均气温：20～27℃
年降水量：250～1000毫米
土壤类型：红壤

沙漠地区
气候带：亚热带
年平均气温：20℃
年降水量：最高250毫米
土壤类型：砂石土

草原地区
气候带：温带
年平均气温：8～12℃
年降水量：200～500毫米
土壤类型：黑色腐殖土